DIABLO®

디아블로 공식 요리책

DIABLO®

디아블로 공식 요리책

성역 여관들의 레시피와 이야기

앤디 루니크 | 릭 바바

목차

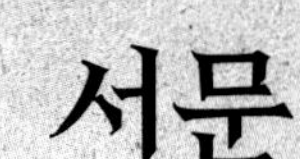

서문

디아블로 IV 속 성역에 대한 세계관과 캐릭터, 스토리를 만들어낸 뛰어난 재능을 보유한 작가 팀의 스크립터 중 하나인 나는 디아블로 작업을 시작할 때만 해도 상실의 이야기, 고난으로 인해 무너진 사람들 그리고 그들을 갈가리 찢어버리고 싶어 하는 괴물들에 대한 이야기를 만드는 데 한몫하게 될 것이라 생각했다. 그러나 나는 곧 디아블로가 어둠에 맞서고 우리 모두의 내면에 있는 빛을 응시하는 데 필요한 용기와 인간애에 대한 이야기라는 것을 깨닫게 되었다.

늑대인간이 득실거리는 스코스글렌의 습한 평원이나 케지스탄의 아름다운 오아시스 마을에서도 공동체의 결속력이 드러난다. 디아블로는 내게 타닥타닥 소리를 내며 타오르는 모닥불이 주는 작은 위로의 순간들이 가장 중요하다는 사실을 상기시켜 주었다. 어둠 속에 숨어 있는 피에 굶주린 야수들로 가득한 세상에서도 싸워서 지킬 가치가 있는 순간들인 것이다.

성역의 주민들은 여관과 펍, 선술집 등에서 이러한 위로의 순간들을 발견한다. 며칠 동안이나 쭉 질펀한 진흙길을 걸은 후 휴식을 취하기 위해 혹은 악마들과 싸운 후 영양가 있는 음식을 한 입 한 입 음미하기 위해 찾는 곳들이다. 이들은 도중에 잃은 가족이나 친구들을 위해, 또 한 번 다시 떠오를 태양을 보기 위해 삶의 기쁨을 나누며 함께 잔을 든다.

바텐더와 현지인들은 자신의 고향에 있던, 최고의 벌꿀 술을 제공하는 펍에 대해 자랑하기도, 다투기도 한다. 이처럼 웃음과 수다로 가득 찬 방은 누구나 혼자가 아니라는 사실을 기억하고 하룻밤이라도 고난을 잊기 위해 필요하다. 파로브루의 여관 주인이 농부들에게 독한 술을 대접하든, 마로웬 사람들이 싱싱한 생선구이를 즐기든 성역의 맛은 장소마다 다양하게 펼쳐진다. 하지만 한 가지 변하지 않는 사실은 이 모든 음식이 맛있다는 점이다.

전역에서 수집한 이 군침 도는 레시피들이 독자들의 주방에도 평화롭고 아늑한 순간을 가져다주길 바란다. 그러니 잠시 머물러 귀를 기울여 보지 않겠는가?

성역에서 만나기를 바라며.

— 알라나 캐럴 내러티브 디자이너

들어가며

방랑자들에게 전하는 인사말

내 어머니 나미는 약초 장수이자 명성이 자자한 요리사였다. 청년이었을 때 나는 비참한 술주정뱅이, 흉악한 살인자, 지옥에 빠진 영혼들이 칼데움 여관들의 문을 열고 들어오는 모습을 지켜보곤 했는데 이들은 하나같이 희망을 잃은 자들의 초상이었다. 어머니는 동전을 받는 대로 따뜻한 칠면조나 양고기 다리 살, 사프란과 샌들우드로 물들인 젤리와 커스터드, 캐러웨이와 카다멈으로 맛을 낸 튀김과 스튜를 그들 앞에 내놓았다. 그들이 가진 돈으로 감당할 수 있는 음식이 죽 한 접시와 에일 한 잔 정도라고 해도, 나의 어머니는 식탁 너머 기다리고 있는 어둠을 대비해 그들에게 따뜻한 식사를 마치고 돌아갈 수 있도록 하셨다.

빛의 대성당, 자카룸 그리고 다른 모든 곳에서도 자신들의 믿음을 지킬 수 있다. 나의 어머니는 주방을 자신의 제단이라고 생각하셨고 요리를 신성한 예술로 여겼다. 어머니의 말에 따르면 보리 스튜는 만드는 방식에 따라 사람의 영혼을 저주할 수도, 구원할 수도 있다고 하셨다. 어머니는 나에게 지식을 전수해 주셨고, 나는 내 나름의 방식으로 어머니의 발자취를 따라가고 있다고 생각한다.

성역 전역의 여관 주인들은 나를 식탁 방랑자 테드릭으로 알고 있다. 위험을 무릅쓰고 수십 년 동안 이 땅을 횡단하며 다양한 식탁들의 음식들을 맛보았기 때문이다. 나는 음식이 작게는 격동의 시대에 조그마한 위안이 되고, 크게는 우리 역사의 표현이자 공동체라는 조직을 하나로 엮어주는 역할을 한다고 믿는다. 향신료의 적절한 조합은 지친 여행자를 먼 고향으로 데려다줄 수 있고, 보병의 배 속에 담긴 따뜻한 식사는 전투의 승패를 좌우할 수 있다.

그리하여 나는 수년 동안 칸두라스에서부터 시안사이, 메마른 평원에 이르기까지 여관, 펍, 선술집 등 모든 곳의 음식을 시식해 왔다. 부유한 왕들의 향신료를 탐구하고 위대한 학자들의 식탁에서 식사를 할 수 있는 행운을 누리기도 했다. 나를 기쁘게 하고, 놀라게 하기도 하며, 거기에 더 나아가 위안을 주는 음식을 맛보게 되면 그 음식을 만든 사람에게서 비밀을 캐내려고 집요하게 굴기도 했다.

당신이 들고 있는 이 책은 내가 성역을 여행하며 수집한 것이다. 이 암흑의 시대에 검이나 창처럼 귀중한 물건도 아니고 죽은 자를 되살릴 수 있는 희귀한 능력도 없지만, 이 책에 담긴 레시피들은 우리에게 말로 다 할 수 없는 풍요로움을 가져다줄 것이다.

이 레시피들과 함께 나는 두 가지 중요한 진리를 배웠다.

첫째, 좋은 음식은 종종 소박한 음식이라는 점이다. 신 트리스트럼에 있는 죽은 송아지 여관의 요리사가 한 번은 자신의 요리 원칙이 '서너 가지의 풍미 있는 재료들이 알아서 힘든 일을 하도록 그냥 지켜보는 것'이라고 내게 말한 적이 있다.

둘째, 활력을 주는 식사를 함께 나누면 사람들이 자신의 이야기를 나누게 되고, 이는 친목, 선의, 교제로 이어진다는 점이다. 따뜻한 식사를 하며 상대방에 대해 많은 것을 배울 수 있다.

맛있는 음식이 악마를 물리칠 수는 없지만 평화를 찾을 수 있는 훌륭한 곳으로 만들어 주기도 한다.

— 식탁 방랑자 테드릭

재료 가이드

이 요리책의 목표는 다양한 레시피를 포용하고 기쁘게 즐길 수 있도록 하는 것이다. 이 요리들은 무엇이든 대체나 조정이 가능하므로 열린 마음으로 접근하기를 권한다. 다양한 실험을 통해 세심하게 살펴보면 육류, 글루텐, 유제품을 사용하지 않거나 비건의 식이요법에 맞게 각 요리들을 조정할 수 있다. 다음은 우리가 고려할 수 있는 몇 가지 예시들이다.

유제품:

아몬드 밀크, 두유, 코코넛 밀크 또는 오트 밀크 등 식물성 우유 대체품

치즈 대체품으로 비건 치즈 또는 영양 효모

사워크림 대신 코코넛 크림 또는 비(非)유제품 요거트

닭고기:

두부, 템페, 세이탄 등 식물성 단백질 대체품

볶음, 카레, 스튜에 고기 대용으로 포토벨로 버섯 또는 가지

타코와 샌드위치에 들어가는 잘게 썬 고기 대용으로 잭푸르트

소고기:

버거, 미트로프, 칠리 요리 등에 들어가는 고기 식감 대용으로 버섯이나 렌틸콩

소고기 대체품으로 식물성 조직 단백(TVP) 또는 세이탄

스튜와 캐서롤에 소고기 대용으로 콜리플라워 또는 땅콩 호박

생선:

샐러드나 샌드위치에 사용되는 게살이나 참치 대용으로 야자심

볶음과 카레에 들어가는 생선 대용으로 두부 또는 템페

피시앤칩스에서 생선 대용으로 새송이버섯 또는 잭푸르트

갑각류:

샐러드나 샌드위치에 사용되는 게살이나 랍스터 대용으로 야자심

파스타 요리에서 가리비 대신 느타리버섯 또는 가지

볶음과 카레에 새우 대신 두부 또는 템페

글루텐:

베이킹에 사용되는 밀가루 대신 쌀가루, 아몬드 가루 또는 코코넛 가루

밀가루 파스타 대신 퀴노아, 쌀 또는 옥수수 파스타

마리네이드와 드레싱에 간장 대신 타마리 또는 리퀴드 아미노

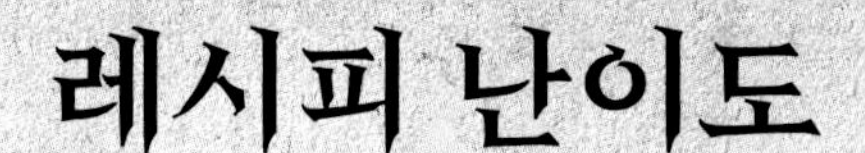

레시피 난이도

요리는 기술이며 어떤 이들에게는 직업이기도 하다. 내가 여행에서 수집한 모든 성역의 레시피들은 각지의 노련한 셰프가 개발한 것이다. 하지만 요리 초보자들도 쉽게 만들 수 있는 요리가 많다는 점을 염두에 두길 바란다. 이해를 돕기 위해 모든 레시피에 다음 난이도 중 하나를 표시했다.

견습생

견습생 레벨로 표시된 레시피들은 만들기는 쉬우나…… 그래도 여전히 특별한 요리가 될 수 있다는 것을 믿어도 된다. 신 트리스트럼 채소찜, 눈속임 허니 당근 스틱, 추방된 가지 디핑소스와 같은 요리들은 언뜻 어렵게 느껴질 수도 있지만 식재료를 단 한 번도 만져본 적이 없더라도 만드는 건 놀라울 정도로 간단하다!

숙련가

이 레벨의 레시피들은 요리를 할 때 단계가 더 추가되며, 특정한 재료를 특별한 방법으로 다루거나 구체적인 요리 기술을 적용하는 등 약간의 숙련도가 요구되는 경우가 많다. 선원들을 위한 선장의 생선 스튜, 레쇼미의 향긋한 쇼트브레드, 산적의 바삭 베이컨 등은 숙련가 수준의 기술을 필요로 하는 요리의 예라 할 수 있다.

장인

웨슬의 사슴고기 스튜, 부엉이 부족의 소고기 슬라이스 구이, 회색 병동 양파 파이 같은 요리들은 칼을 능숙하게 다루거나 동시에 여러 가지 일을 처리해야 하는 등 다소 광범위한 요리 기술을 요구한다.

마스터

마스터 레벨로 지정된 레시피들은 확실히 만들기가 더 어렵고 시간도 많이 든다. 이러한 요리에는 일반적으로 많은 단계가 포함되며 때로는 타이밍이 까다롭고 실수를 허용할 여지가 적기 때문에 세심한 집중과 주의가 필요하다. 예를 들어 고산지 토끼 프리카세나 칭찬 일색 겹겹 팬케이크를 만들 때는 주방 돌아가는 사정을 잘 아는 것이 도움이 된다. 하지만 다시 한번 말하는데 두려워할 것 없다! 마스터 레벨의 모든 레시피는 추가적인 노력을 기울일 가치가 충분히 있다.

죽은 송아지 여관

신 트리스트럼, 칸두라스

분쟁으로 인해 갈라진 거친 땅에서도 '죽은 송아지 여관'은 꿋꿋이 버티고 있다. 맛있는 비프 부르기뇽을 내놓든 향신료를 가득 바른 양고기 다리를 제공하든 신 트리스트럼의 중심은 항상 그 이름에 걸맞은 약속을 지켜 왔다. 칸두라스를 감싼 어둠 속에서도 변함없는 쉼터가 되어 온 이 여관은 오랫동안 손님들에게 위안을 주는 음식과 진한 에일을 제공해 왔다. 적어도 이곳을 배회하는 죽음에서 소생한 자들을 잊게 해 줄 만큼 강한 술이었다.

내가 그곳에 머무는 동안 죽은 송아지 여관의 얼굴은 주인이자 바텐더인 브론이었다. 젊었을 때의 기억을 떠올리면 브론은 이 어두운 땅에서 만난 그 누구보다도 훌륭한 달변가였다. 해가 갈수록 젊어지던 여행객들과 보조를 맞추기 위해 고군분투하면서도 손님이 좋아하는 요리를 재빨리 생각해 내던 사람이었다.

마지막으로 만났을 때 브론은 오티러스를 고용해 여관의 일상적인 유지를 돕게 했고, 오티러스는 브론이 칸두라스 최고의 에일을 양조하는 것만큼이나 코코뱅을 만드는 데 뛰어난 솜씨를 보였다. 죽은 송아지 여관이 자랑하는 최고의 술을 몇 잔 마신 브론은 공개되지 않은 비밀 레시피를 여기에 풀어놓았다.

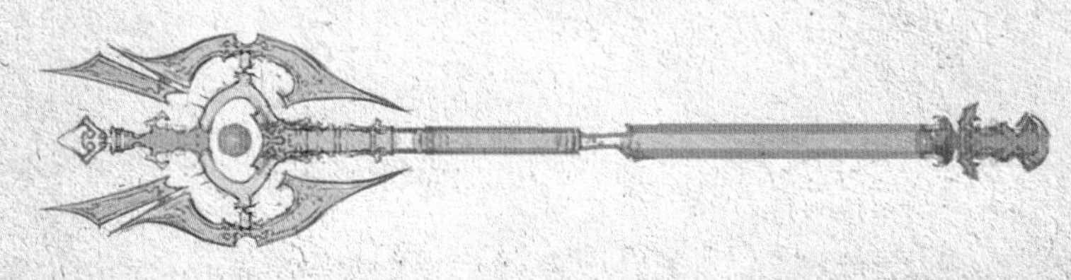

오티러스의 채소 리소토

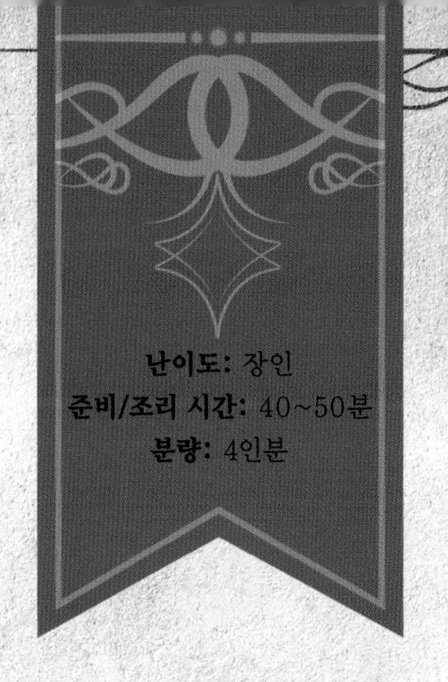

성역에서 도적이나 소매치기 때문에 고통받지 않은 영혼이 있을까 싶을 정도로 나 또한 많은 고통을 겪었는데, 한 번은 어느 날 아침 신 트리스트럼 외곽에서 일이 벌어졌다. 울창한 나무숲을 지나가던 중 매복 중이던 산적 셋이 나를 덮치며 수중에 있는 동전을 넘기지 않으면 생선처럼 배를 갈라 내장을 제거해 버리겠다고 협박했다. 결국 빈 주머니로 죽은 송아지 여관의 어두운 구석으로 비틀거리며 들어갔을 때, 그곳의 바텐더인 에이라가 나를 한번 쳐다보더니 오티러스의 채소 리소토 한 그릇을 내밀었다. "이거 먹어 봐요"라고 운을 떼며 그녀가 입을 열었다. "로즈메리가 몸에 좋거든요." 그녀는 활짝 웃으며 덧붙였다. "그리고 당신의 영혼을 달래 줄 스타우트 에일 한잔 가져올게요."

닭 또는 채소 육수 7컵
월계수 잎 1장
사프란 1/8작은술
로즈메리 3줄기
슬라이스한 양송이버섯 225g
다진 마늘 4쪽분
녹인 무염 버터 1큰술
껍질을 벗겨 깍둑썰기한 파스닙(설탕 당근으로도 불리는 당근과 비슷한 모양의 뿌리채소로 주로 유럽에서 재배되고 사용된다._역자 주) 225g
엑스트라 버진 올리브유 1큰술
보리쌀 1컵
곱게 다진 양파 1개분
드라이한 화이트와인 1/2컵
생크림 1컵
냉동 완두콩 170g
다진 타임 2작은술
강판에 간 파르메산 치즈 1컵
다진 파슬리 또는 차이브
해바라기씨 3큰술

1. 큰 솥에 육수를 넣고 끓인다. 월계수 잎과 사프란, 로즈메리 줄기를 넣는다.
2. 버섯은 깨끗하게 다듬고 슬라이스한다. 물기가 없는지 꼭 확인한다.
3. 중간 크기의 팬에 다진 마늘과 함께 버섯을 넣고 부드러워질 때까지 볶은 뒤 한쪽에 둔다.
4. 녹인 버터로 파스닙을 볶은 후 버섯이 있는 팬에 넣고 섞는다.
5. 팬에 올리브유를 두르고 보리쌀을 넣는다.
6. 보리 알갱이 전체가 옅은 황금빛 갈색이 될 때까지 중간 불에서 약 3~4분간 가볍게 볶는다.
7. 여기에 양파를 넣고 향이 날 때까지 약 1분간 익힌다.
8. 팬에 와인을 넣고 나무 숟가락으로 보리쌀을 볶은 팬을 빠르게 긁어 팬에 붙은 것을 풀어주며 젓는다. 2분간 또는 국물 대부분이 없어질 때까지 계속 가열한다.
9. 국자를 사용하여 따뜻한 육수 240mL를 보리쌀이 있는 팬에 붓는다. 모든 액체가 흡수될 때까지 계속 저으면서 뭉근히 끓인 다음 또 240mL를 추가한다. 육수를 한번 부을 때마다 약 2~3분간 조리하고 젓는다. (참고: 밥을 짓는 것보다는 일반적으로 시간이 오래 걸린다.)
10. 육수를 모두 사용하거나 보리가 크림처럼 부드럽게 되면서 살짝 씹히는 느낌이 날 때까지 약 15~20분간 이 과정을 반복한다.
11. 보리가 부드러워지면 생크림과 냉동 완두콩을 넣고 살짝 졸아들 때까지 약 2분간 젓는다. 그런 다음 이 혼합물을 쉽게 섞을 수 있게 큰 믹싱볼에 붓는다.
12. 이 믹싱볼에 익힌 버섯과 파스닙, 타임, 파르메산 치즈, 파슬리를 넣고 잘 섞는다.
13. 보리를 숟가락으로 떠서 그릇에 담고 해바라기씨를 올려 마무리한다.

구 트리스트럼의 필라프

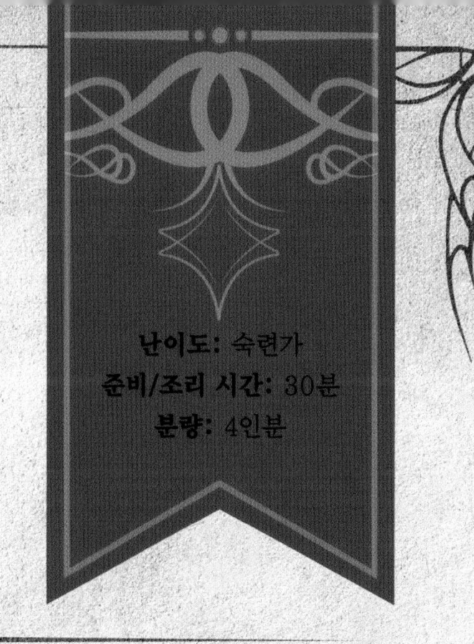

나의 어머니는 맛과 향은 기억의 보물 창고에서 나오는 것이라 늘 말씀하셨다. 오티러스는 이 필라프 레시피의 기원을 레오릭 왕이 광기에 빠지며 트리스트럼의 어둠이 시작되기 전인 구 트리스트럼으로 거슬러 올라가 찾는다. 레오릭이 선택한 권좌 아래에 있던 지하 묘지에서 무엇이 곪아 터졌는지 아무도 몰랐던 그 시절의 구시가는 활기찬 곳이었다. 보리를 베이스로 만든 이 간단한 레시피는 그 어떤 식사에서도 분위기를 돋우며 서막을 장식했는데, 한때 이 땅이 품었던 약속과…… 그 식탁에서 식사하는 유령들을 떠올리게 하는 음식이다.

난이도: 숙련가
준비/조리 시간: 30분
분량: 4인분

참기름 2큰술

얇게 슬라이스한 샬롯 2개분

보리쌀 1컵

백후추 1/2작은술

코리앤더 가루 1작은술

중국 오향분 1/4작은술

소금 1큰술

채소 육수 2와 1/2컵

껍질을 벗기고 심을 제거하여 1.3cm 크기로 깍둑썰기한 잘 익은 서양배 1컵

다진 호두 2/3컵

가염 버터 1큰술

1. 중간 크기의 프라이팬에 참기름을 두르고 중불에서 샬롯을 5분간 또는 부드러워질 때까지 익힌다.
2. 보리쌀을 넣고 알갱이가 구워질 때까지 5분간 저어가며 가열한다.
3. 후추와 코리앤더, 오향분을 넣고 향이 날 때까지 1분간 가열한다.
4. 육수를 넣고 끓으면 불을 줄인 뒤 뚜껑을 덮고 40분간 또는 보리가 부드러워지고 쫄깃하게 씹힐 때까지 뭉근히 끓인다.
5. 깍둑썰기한 배를 넣고 저으며 잔열로 배를 부드럽게 익힌다. 뚜껑을 덮고 10분간 그대로 둔다.
6. 불을 끄고 호두, 버터, 소금을 넣고 저어 식탁에 올린다.

브론의 비프 부르기뇽

죽은 송아지 여관은 언제 누가 거쳐 갈지 알 수가 없다. 당연한 일이다. 한 번은 성역의 가장 먼 곳에서 온 상인들과 함께 원탁에 앉은 적이 있었다. 시안사이, 엔트스타이그, 게아 쿨에서 온 상인들과 심지어 스코보스 제도에서 온 자도 있었다. 비록 각자 출신지는 달랐지만, 오목한 그릇에 담긴 김이 모락모락 나는 브론의 비프 부르기뇽 요리는 식탁에 함께 앉은 모든 이의 호평을 받았다. 이 스튜는 만드는 데 몇 시간이 걸리고 고기만 해도 여러 단계를 거쳐 조리해야 한다고 들었지만, 그만한 시간과 노력을 들일 가치가 있다고 장담할 수 있다.

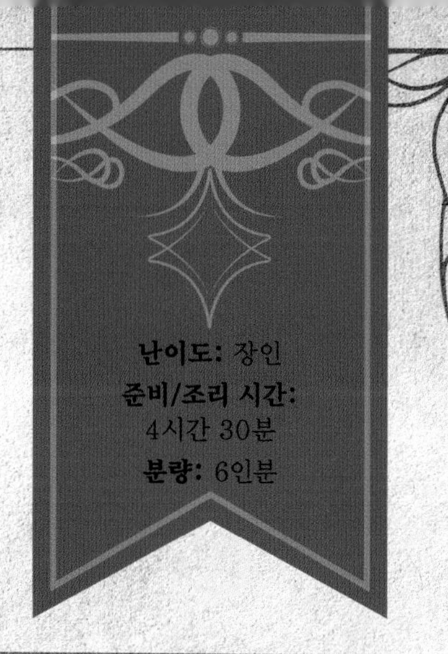

난이도: 장인
준비/조리 시간: 4시간 30분
분량: 6인분

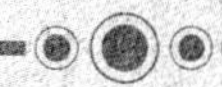

사방 2.5cm 크기로 자른 소고기 목심 약 1.4kg
소금 1큰술
밀가루 1/2컵
올리브유 4큰술, 나누어 사용
두꺼운 베이컨 8장분, 다져서 사용
작은 크기로 다진 양파 1개분
마늘 6쪽
토마토 페이스트 1/4컵
간장 1/4컵
레드와인 1과 1/2컵
토마토소스 또는 파사타 1/4컵
곱게 다진 타임 3큰술
월계수 잎 2장
소고기 육수 3컵
4등분한 버섯 225g
베이비 당근 5개
에그 누들 340g
차갑게 해 둔 무염 버터 4큰술
다진 파슬리 1/2컵
갓 갈아 둔 후추 적당량

1. 소고기에 소금으로 골고루 간을 한다. 그런 다음 소고기에 밀가루를 입힌다.
2. 큰 프라이팬에 올리브유 2큰술을 두르고 가열한다. 소고기는 세 번에 나누어 중강불에서 사방이 노릇한 갈색이 될 때까지 볶는다. 팬이 너무 꽉 차면 고기를 갈색으로 굽는 것이 아니라 찌는 것이 되므로 주의한다.
3. 소고기가 노릇하게 구워졌으면 큰 캐서롤 냄비나 주물 냄비로 옮긴다. 오븐을 177°C로 예열한다.
4. 소고기를 구울 때 사용한 팬에 베이컨을 넣고 지방이 바삭해지고 노릇한 갈색이 될 때까지 2~3분간 굽는다. 그 후 팬에서 건져내고 기름은 남겨 둔다.
5. 양파, 마늘, 토마토 페이스트를 팬에 넣고 5분간 잘 섞어 준다.
6. 간장, 레드와인, 토마토소스를 넣고 약 5분간 계속 저으면서 절반으로 졸여 준다. 국물이 진하고 어두운 호박색이 되어야 한다.
7. 고기를 타임, 월계수 잎, 육수와 함께 다시 넣는다. 고기가 바닥에 달라붙지 않도록 잘 젓는다. 뚜껑을 덮고 불을 줄여 뭉근히 끓인다. 또는 냄비 뚜껑을 덮어 오븐에 넣고 177°C에서 3시간 동안 조리해도 된다.
8. 2시간 반 또는 소고기가 완전히 부드러워질 때까지 조리한다.
9. 소고기가 익는 동안 버섯과 당근은 올리브유 2큰술을 둘러 약 3분간 볶은 후 소금으로 가볍게 간을 한다.
10. 소고기를 3시간 동안 조리했다면 볶은 버섯과 당근을 넣고 30분간 더 익힌다.

다음 페이지에서 계속

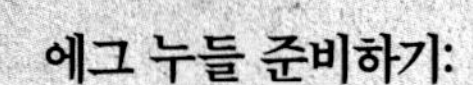

에그 누들 준비하기:

11. 에그 누들은 원하는 대로 또는 포장지에 적혀 있는 대로 준비한다.
12. 물을 따라 버리고 따뜻하게 익힌 면은 버터, 파슬리, 후추와 함께 큰 믹싱볼에 넣는다. 버터를 녹여 면을 코팅한다. 필요하면 면에 익힌 물을 1작은술 정도 추가하여 온도를 올려 줘도 된다.
13. 속이 깊은 접시에 에그 누들을 깔고 소고기를 그 위에 올려 식탁에 차려 낸다.

해돋이 여관 코코뱅

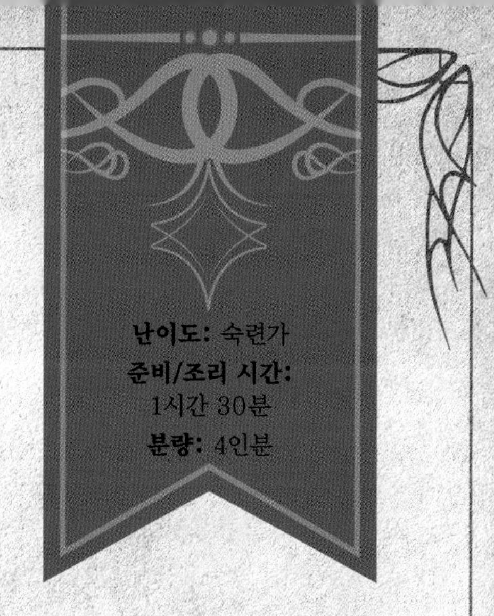

필라프와 마찬가지로 이 음식도 구 트리스트럼에 뿌리를 두고 있다. 오티러스는 한때 악명 높은 고객들을 맞이했지만 지금은 폐허로 묻힌 전설적인 선술집인 해돋이 여관에서 자신의 할아버지가 종종 먹었던 음식을 바탕으로 이 레시피를 고안했다. 그곳에서는 현지인들, 이방인들, 영웅들, 악당들이 모두 모여 술잔을 기울이며 주방에서 내오는 음식을 맛보곤 했다. 오티러스의 할아버지는 부지불식간에 어둠을 맞이한 성역의 다른 많은 사람처럼 오그덴과 그 땅에도 그러한 불운이 닥치기 전에 해돋이 여관의 주인인 오그덴에게서 비밀을 배웠다. 오그덴의 코코뱅은 음산한 어둠 속에서 한 줄기 빛처럼 생명을 이어가고 있다.

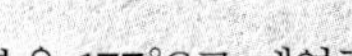

껍질을 벗긴 닭 다리 정육 4개
껍질을 벗긴 닭 다리 북채 4개
소금 1큰술
후추 1작은술
밀가루(중력분) 3큰술
엑스트라 버진 올리브유 3큰술
곱게 다진 중간 크기 양파 1개분
얇게 슬라이스한 리크 1컵
얇게 슬라이스한 마늘 8쪽분
셰리 크림 1/2컵
화이트와인 2컵
월계수 잎 2장
신선한 타임 5줄기
생크림 470mL
반으로 자른 방울토마토 2컵
씻은 베이비 시금치 4컵
장식용 다진 파슬리

1. 오븐을 177°C로 예열한다.
2. 닭고기에 소금과 후추로 간을 한 다음 밀가루를 입힌다.
3. 큰 주물 냄비에 올리브유를 넣고 중강불에서 가열한다.
4. 닭고기를 넣고 양면이 갈색이 될 때까지 굽는다. 닭고기는 완전히 익을 필요는 없다. 팬에서 닭고기를 꺼내 한쪽에 둔다.
5. 같은 냄비에 양파, 리크, 마늘을 넣고 약불에서 5~7분간 볶는다.
6. 셰리 크림을 넣어 팬 바닥에 붙은 것을 긁어내며 디글레이징을 한다.
7. 닭고기를 냄비에 다시 넣고 화이트와인, 월계수 잎, 타임도 넣는다. 불을 약하게 줄이고 10분마다 바닥이 눌어붙지 않도록 저어가며 40분간 뭉근히 끓인다.
8. 생크림을 넣고 국물이 숟가락 뒷면에 묻어서 흘러내리지 않을 정도로 걸쭉하게 될 때까지 10~15분간 뭉근히 끓인다.
9. 불을 끄고 반으로 자른 방울토마토를 시금치와 함께 넣는다. 잔열로 시금치의 숨을 죽이고 토마토를 익힌다.
10. 다진 파슬리를 뿌려 식탁에 차려 낸다.

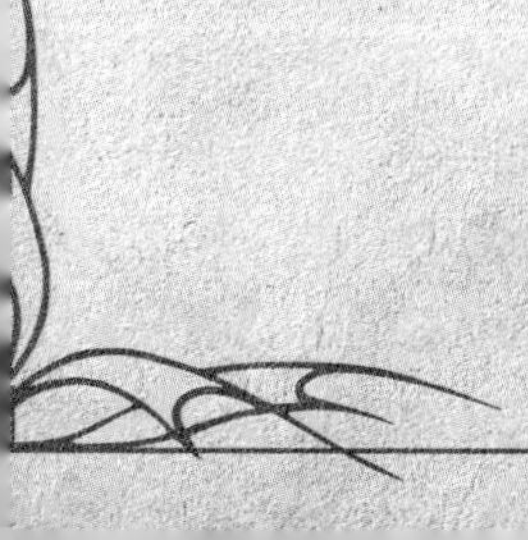

탐스러운 당면 국수

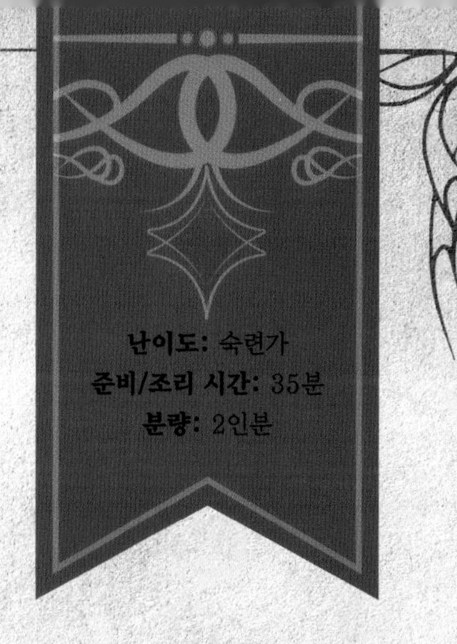

어느 날 밤, 이동식 카라반에서 물건을 파는 상인들이 영업을 마친 직후 나이 든 상인 하나가 바에 들어와 한쪽 끝에 자리를 잡았다. 브론은 아무 말 없이 그를 맞이하며 죽은 송아지 여관에서 한 번도 본 적이 없던, 아주 먹음직스럽게 보이는 당면 요리를 내놓았다. 부러운 마음에 어떻게 하면 그런 대접을 받을 수 있을지 브론에게 직접 물었다. "셴과는 오랜 시간 친구로 지냈어요"라고 브론이 말했다. 알고 보니 이 늙은 바텐더는 셴이 마을에 올 때를 대비해 시안사이 사람들이 좋아하는 음식의 재료를 항상 구비해 두고 있었는데, 친구가 여행길에 잠시나마 고향의 느낌을 받을 수 있도록 하기 위해서였다. 셴의 허락을 구하고 그 레시피를 여기에 담았다.

닭 또는 채소 육수 4컵
사프란 한 꼬집
당면 225g
참기름 1큰술
큼직한 양파 1개분, 다져서 사용
다진 마늘 3쪽분
생크림 1컵
소금 적당량
후추 적당량
다진 타라곤 1큰술
중국식 칠리 페이스트(어떤 종류의 칠리 페이스트인지 정확하게 명시되어 있지 않으나 레시피의 성격을 볼 때 중국식에 사용되는 칠리 갈릭 페이스가 적합해 보이며 다른 종류의 칠리 페이스트를 적용하는 것도 가능_역자 주) 1큰술

1. 커다란 냄비에 육수와 사프란을 넣고 중불에 올려 뭉근히 끓어오를 때까지 가열한다.
2. 당면은 1의 육수에 10~15분간 또는 유연하게 잘 휘어질 때까지 담가서 불린다.
3. 면을 육수에서 건져내고 한쪽에 둔다.
4. 다른 냄비에 기름을 두르고 중불에 올려 가열한다.
5. 양파와 마늘을 넣고 부드럽게 될 때까지 약 3분간 익힌다.
6. 크림을 넣고 저어준 후 이 혼합물이 가볍게 끓어오르도록 둔다.
7. 6의 크림 혼합물에 당면을 넣고 잘 섞일 때까지 젓는다. 면을 담가 두었던 육수 한 컵을 넣는다.
8. 소금과 후추로 간을 한다.
9. 당면을 건져내 그릇에 담고 사프란 국물을 끼얹어 낸다.
10. 다진 타라곤과 칠리 페이스트를 올려 마무리한다.

향이 좋은 양고기 다리 요리와 납작빵

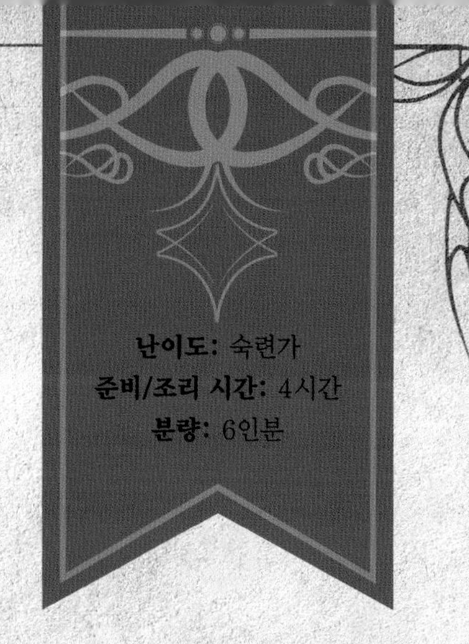

난이도: 숙련가
준비/조리 시간: 4시간
분량: 6인분

나는 양고기를 대충 만든 음식이라 생각하는 떠돌이 카라반 상인들과 이야기를 나눈 적이 있다. 이 특별한 레시피는 그러한 경직된 생각을 완전히 깨 버린다. 그 비결은 바로 양념인데 이는 오티러스가 자신의 정원에서 수확한 허브와 향신료로 만든 것으로, 평소엔 약탈자나 야생 짐승이 그 깊은 향을 짓밟거나 훔쳐 가지 않도록 잘 숨겨 두고 사용한다. 이 양고기 요리에는 스튜나 죽 요리에 함께 곁들이는 납작빵이 포함되어 있다.

향이 좋은 양고기 다리 요리

다진 중간 크기 양파 2개분
다진 마늘 8쪽분
강판에 간 2.5cm 크기의 생강
커민 가루 2작은술
코리앤더 가루 2작은술
강황 가루 1작은술
계핏가루 1작은술
카다멈 가루 1작은술
소금 2큰술
후추 1/2 작은술
약 1.1kg 크기의 양고기 다리 1덩이
식물성 기름 2큰술
토마토 퓌레 1컵
닭 육수 1컵
장식용 고수

양고기 다리 요리 만들기:

1. 큰 믹싱볼에 양파, 마늘, 생강, 커민 가루, 코리앤더 가루, 강황 가루, 계핏가루, 카다멈 가루, 소금, 후추를 넣고 섞는다.
2. 1의 믹스를 양고기 다리 전체에 문지른다. 향을 더 풍부하게 만들려면 하룻밤(최소 2시간) 재워도 된다.
3. 커다란 무쇠 냄비나 무거운 냄비에 식물성 기름을 두르고 중강불에 올려 가열한다.
4. 양고기 다리를 넣고 사방이 노릇해질 때까지 약 5~7분간 굽는다. 양고기 다리를 꺼내 한쪽에 둔다.
5. 토마토 퓌레와 닭 육수를 넣고 냄비 바닥에 눌어붙은 것을 긁어낸다.
6. 고기를 다시 넣고 끓인 다음 약불로 줄이고 뚜껑을 덮는다.
7. 2시간 동안 또는 고기가 뼈에서 떨어질 정도로 부드러워질 때까지 뭉근히 끓인다.
8. 양고기 다리에 조리하면서 생긴 국물을 붓고 고수로 장식한 후 마늘 납작빵과 함께 그릇에 담아 낸다.

다음 페이지에서 계속

납작빵

밀가루(중력분) 3컵

액티브 드라이 이스트 1작은술

설탕 1작은술

소금 1작은술

미지근한 물 1/2컵

올리브유 1/4컵

다진 마늘 7개분

잘게 다진 파슬리 1/4컵

납작빵 만들기:

9. 큰 믹싱볼에 밀가루, 이스트, 설탕, 소금을 넣고 섞는다.
10. 미지근한 물과 올리브유를 9의 믹싱볼에 천천히 넣고 부드러운 반죽이 만들어질 때까지 치댄다.
11. 반죽이 담긴 믹싱볼에 커버를 씌우고 약 1시간 동안 또는 크기가 두 배가 될 때까지 반죽을 부풀린다.
12. 큰 프라이팬을 중불에 올려 예열한다.
13. 반죽을 4~6등분한다.
14. 등분한 각각의 반죽을 얇고 동그란 모양으로 밀어 준다.
15. 다진 마늘을 각각의 반죽 위에 펴 바른다.
16. 달군 프라이팬에서 각각의 납작빵을 한 면당 2~3분간 또는 옅은 갈색이 될 때까지 굽는다. 모든 빵을 부드럽게 익힐 때까지 이 과정을 반복한다.
17. 빵 위에 파슬리를 뿌려 장식한다.
18. 식탁에 올릴 준비가 되면 포크를 사용해 뼈에서 분리한 고기를 잘게 찢어 준다. 납작빵 한 조각에 고기를 적당히 넣고 맛있게 먹는다.

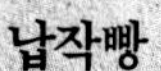

에이라의 자두 허니 케이크

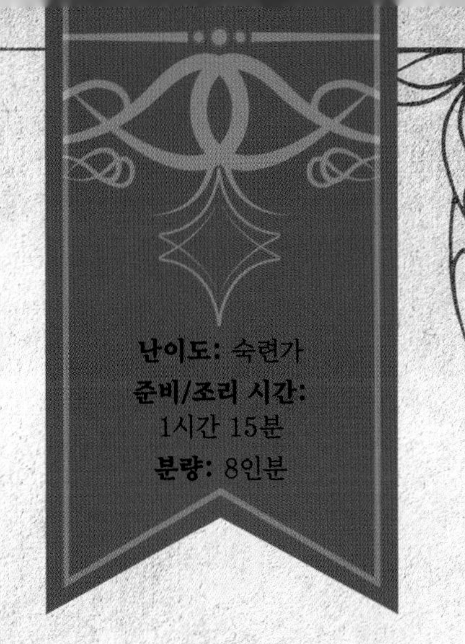

자두와 꿀은 지친 여행자를 유혹할 만큼 충분히 달콤하다. 그렇다면 거기에 계피, 생강, 너트메그, 정향의 향을 더하면 어떨까? 에이라는 그녀의 자두 허니 케이크를 먹기 위해 왕국의 절반을 가로질러 온 손님들을 맞은 적도 있다고 내게 말했다. 한 번은 이른 오후에 죽은 송아지 여관에 들어간 적이 있었는데 그때 에이라는 바에서 쓰는 행주를 앞치마로 바꾸면서 갓 구운 케이크도 가지고 왔다. 손님들은 마지막 한 조각을 먹기 위해 거의 싸우기 직전까지 가게 되었고 그녀는 다음 날 아침 다시 오겠다고 약속했다. 이 디저트는 소매치기 앞에 놓인 동전과도 같이 금세 사라진다.

설탕 1컵
식물성 기름 1/2컵
달걀(특란) 2개
바닐라 엑스트랙 1작은술
우유(전지방) 3/4컵
밀가루(중력분) 2컵
베이킹파우더 1작은술
계핏가루 1큰술
생강가루 1/2작은술
너트메그 가루 1/4작은술
정향 가루 1/4작은술
소금 1/2작은술
씨를 제거하여 슬라이스한 신선한 자두 8~10개
꿀 8큰술

1. 오븐을 177°C로 예열한다. 20cm 지름의 원형 케이크 틀에 기름칠을 하고 밀가루를 뿌린다.
2. 큰 믹싱볼에 설탕과 기름을 넣고 잘 혼합될 때까지 섞는다. 달걀을 한 번에 하나씩 천천히 넣되 추가할 때마다 충분히 풀어 준다. 바닐라 엑스트랙과 우유를 넣고 젓는다.
3. 별도의 믹싱볼에 밀가루, 베이킹파우더, 계피, 생강, 너트메그, 정향, 소금을 넣고 섞는다.
4. 마른 재료를 젖은 재료에 넣고 잘 혼합될 때까지 천천히 섞어 준다.
5. 반죽의 절반을 준비된 틀에 붓고 숟가락의 뒷면을 사용하여 고르게 펴준다. 반죽 위에 슬라이스한 자두의 절반을 원형 패턴으로 배열하되 바닥이 가득 차도록 채운다.
6. 남은 반죽을 숟가락으로 떠서 자두 위에 골고루 펴준다. 나머지 자두도 비슷한 방법으로 케이크 위에 올린다.
7. 50~60분간 또는 케이크 중앙에 이쑤시개를 찔렀을 때 묻어 나오는 것이 별로 없을 때까지 굽는다. (아무것도 묻어 나오지 않으면 케이크가 과하게 구워진 것이다.)
8. 케이크 위에 꿀을 뿌린다.
9. 케이크를 틀에 둔 채로 10분간 1차적으로 식힌 다음 틀에서 꺼내 식힘 망으로 옮겨 완전히 식힌다.

아트마의 선술집

루트 골레인, 아라녹

쌍둥이 바다의 북적대는 무역항은 해산물을 구하기 좋은 곳인데, 루트 골레인의 경우 특히 더 그랬다. 악마가 득실대는 아라녹의 뜨거운 사막 모래와 경계를 이루고 있는 이 상업 중심지는 문전에 드리운 숱한 위협에도 불구하고 놀라울 정도로 굳건하게 버텨 왔다. 루트 골레인은 활기찬 시장 외에도 성역 전체에서 생선 요리로는 타의 추종을 불허하는 '아트마의 선술집'이 있는 곳이기도 하다. '아트마의 선술집'은 험상궂은 뱃사람들과 상인들, 여행 중인 시인들과 지역 예술가들이 엄청나게 많이 찾는 곳으로, 이들은 모두 완벽하게 맛을 낸 아트마 특유의 해물 요리 풍미에 매료되어 온 사람들이었다.

나는 전설이 된 페일 에일을 만들어내는 아트마가 회복력이 뛰어난 여성으로 알고 있다. 그녀는 항상 '머그 한 잔으로 치료하지 못할 문제는 없다'라고 말하곤 했다. 수년에 걸쳐 그녀는 인근에 있는 사막의 비 여관과 제휴를 맺었다. 그 여관의 주인인 엘직스는 배고픈 투숙객을 아트마로 보내 음식과 음료를 먹게 했고, 손님에 따라서는 유흥을 제공하기도 했다. 그러면 아트마는 욕구가 채워지고 술에 취해 비싼 침대에 누울 준비가 된 손님들을 엘직스에게 돌려보냈다. 그 전통이 계속되고 있는지 궁금하다……. 아트마는 어쨌든 수년간 성공을 거두고 있지만…… 흠, 엘직스는 지금쯤이면 이 세상에서 완전히 사라졌을 것이 틀림없다.

나는 수년 동안 아트마의 주방에서 일손을 보태며 그녀가 가진 최고의 레시피를 기록할 수 있는 행운을 얻었는데, 이를 루트 골레인의 맛을 좋아하는 사람들과 공유하고자 한다.

모래가 휩쓸고 간 세비체

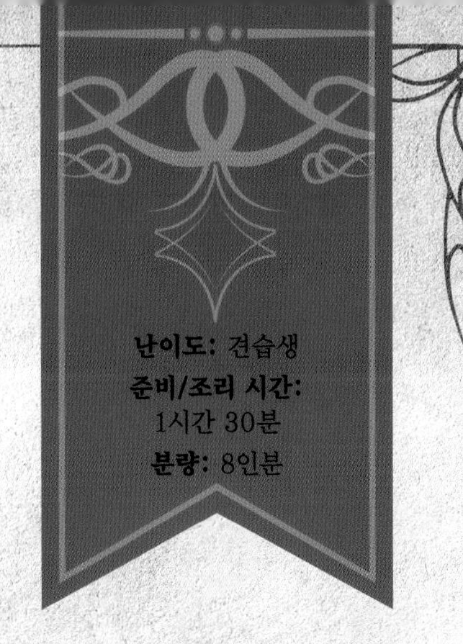

난이도: 견습생
준비/조리 시간: 1시간 30분
분량: 8인분

한때 나는 유목민 가이드를 구할 정도로 조심하다가도 아라녹의 험난한 사막을 도보로 횡단하는 실수를 저지른 적이 있다. 이 정도도 충분히 불운했다고 할 수 있는데, 여정의 중반에는 모래 구더기에 발목이 잡혔고 나중에는 끔찍한 모래 폭풍에 갇히기도 했다. 툭 튀어나온 바위들이 만든 틈에 숨어 모래 폭풍이 잦아들기를 하루 종일 기다리기도 했다. 이때 우리는 놀랍게도 그 유목민도 잘 알던 아트마의 세비체 요리를 생각하며 절망의 늪에 빠지지 않으려고 애썼다. 우리를 둘러싸고 보호해 주던 바위도 분명 우리의 생존에 도움이 되었지만…… 돌이켜 보면 아트마의 상큼한 세비체를 한 번 더 맛보고 싶다는 원초적인 욕구도 그에 못지않게 생존에 기여했다.

쌀식초 1/4컵

라임즙 1과 1/2컵

깍둑썰기한 그래니 스미스(Granny Smith라는 품종의 녹색 사과로 즙이 많고 아삭한 것이 특징이다. 국내에서는 구하기 힘들기 때문에 아오리 사과로 대체할 수 있다._역자 주) 사과 1/2컵

익힌 작은 새우 900g

0.3cm 크기로 깍둑썰기한 빨간 파프리카 1개분

0.3cm 크기로 깍둑썰기한 노란 파프리카 1개분

씨를 제거하고 다진 청양고추 1개분

곱게 다진 샬롯 1/2컵

칠리 페이스트 또는 스리라차 2큰술

소금 적당량

후추 적당량

씨를 제거하고 잘게 썬 잘 익은 아보카도 1개분

신선한 차이브 1/2컵

서빙용 토르티야 칩

4등분으로 자른 장식용 라임 1개

1. 작은 믹싱볼에 갈변을 방지하기 위한 쌀식초, 라임즙과 함께 잘게 썬 사과를 넣고 한쪽에 둔다.
2. 큰 믹싱볼에 새우, 피망, 청양고추, 샬롯, 칠리 페이스트를 넣고 완전히 혼합될 때까지 섞는다. 소금과 후추로 간을 한다.
3. 아보카도와 사과 믹스를 합치고 숟가락으로 부드럽게 섞는다. 아보카도는 너무 과하게 섞거나 으깨지 않도록 주의하며 부드럽게 섞도록 한다.
4. 냉장고에 넣고 10~20분간(또는 최대 1시간) 재워 둔다.
5. 그릇에 담고 그 위에 차이브를 뿌린다.
6. 토르티야 칩과 라임을 곁들여 차려 낸다.

해적선 샥슈카와 껍질이 바삭한 빵

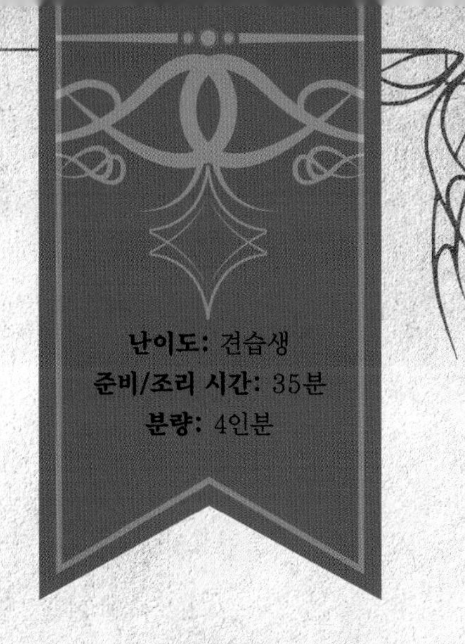

난이도: 견습생
준비/조리 시간: 35분
분량: 4인분

성역에서 해적의 위협으로부터 자유로운 곳은 극히 드문데 루트 골레인도 예외는 아니다. 부두에서 내려다보이는 돛은 푸른색으로 염색이 되어 있는데 이는 해적의 눈을 피하고 선박이 무사히 항구에 도착할 확률을 높이기 위함이다. 이 수란 요리는 쌍둥이 바다와 그 너머에 도사린 위험에 맞서야 하는 배를 타는 선원들 사이에서 인기가 많다. 만드는 방법은 꽤 간단하다. 숟가락으로 소스를 눌러 오목한 공간을 만들고 거기에 달걀을 조심스럽게 깨뜨려 넣는 것이 가장 어려운 점이지만 해적에 맞서 싸우는 것보다는 훨씬 덜 힘들 것이다.

껍질이 바삭한 빵

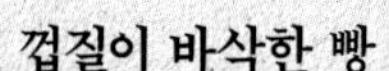

껍질이 단단한 빵 1덩이
(치아바타, 포카치아 또는 바게트)

마늘 1쪽

올리브유 3큰술

소금 적당량

후추 적당량

샥슈카

올리브유 1큰술

0.3cm 두께로 얇게 슬라이스한
양파 중간 크기 1개분

크게 깍둑썰기한 큼직한 플럼 토마토
3개분

얇게 슬라이스한 마늘 6쪽분

토마토소스 통조림 1과 1/2컵

훈제 파프리카 가루 3큰술과
장식용으로 약간 더

커민 가루 1큰술

케이퍼 2큰술

레드 칠리 플레이크 1큰술

달걀 5개

다진 파슬리 약 1/4컵

껍질이 바삭한 빵 만들기:

1. 오븐을 190°C로 예열한다.
2. 빵은 다루기 쉽도록 1.3cm 두께로 썰어 세 조각으로 만든다.
3. 각 빵 조각의 양면에 마늘 1쪽을 부드럽게 문지른다. 이렇게 하면 은은한 마늘 향이 난다. 또는 마늘을 다져서 빵 전체에 골고루 뿌려 줘도 된다.
4. 빵 위에 올리브유를 뿌리고 손가락으로 빵의 양면에 골고루 문지른다. 그런 다음 소금과 후추를 뿌린다.
5. 베이킹 시트 위에 빵을 평평하게 깔고 한쪽 면을 8분간 구운 후 뒤집어서 노릇한 갈색이 나올 때까지 12분간 더 굽는다.

샥슈카 만들기:

6. 커다란 주물 프라이팬을 중강불에 올린다.
7. 기름, 양파, 다진 토마토, 마늘을 넣고 토마토가 약간 부드러워질 때까지 볶는다. 토마토소스를 넣고 젓는다.
8. 불을 중약불로 줄이고 소스가 절반으로 줄고 걸쭉하게 될 때까지 약 5분간 계속 젓는다. 이 믹스는 걸쭉하고 약간 덩어리진 상태가 되어야 한다.
9. 파프리카, 커민, 케이퍼, 칠리 플레이크를 넣고 저어서 완전히 섞는다.
10. 숟가락 뒷면을 사용하여 팬 가장자리를 둘러 가며 작은 우물들을 만든다.
11. 달걀을 별도의 작은 그릇이나 라메킨에 깨서 각각의 우물에 1개씩 조심스럽게 넣는다.
12. 팬을 오븐에 넣고 흐르는 질감을 원할 때는 3~5분, 단단한 노른자를 원한다면 6~8분간 굽는다.
13. 오븐에서 팬을 꺼낸 다음 파프리카와 파슬리를 뿌린다.
14. 바삭한 빵과 함께 차려 낸다.

타라곤 크림소스를 올린 아라녹 가리비 요리

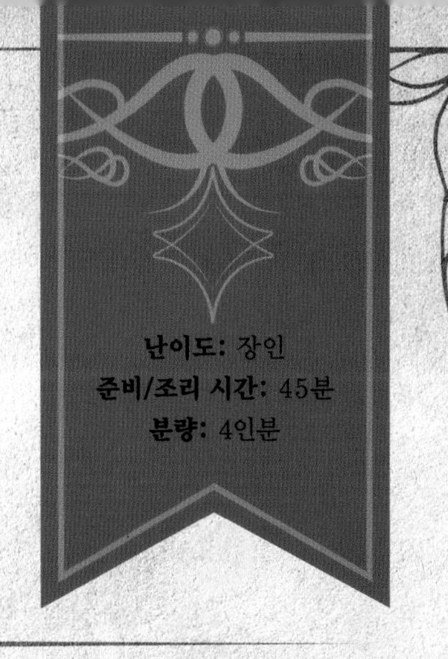

서부 왕국의 주요 무역 통로였던 루트 골레인은 다양한 사람들이 시장과 선술집으로 쏟아져 들어오는 곳이다. 아트마에서 내 눈에 들어온 것은 출신이나 목적지에 상관없이 많은 방문객이 타라곤 크림소스를 뿌려 가볍게 끓인 황금빛의 바싹 구운 가리비 관자 요리를 주문한다는 사실이었다.

가리비 관자 900g
무염 버터 4큰술, 나누어 사용
올리브유 2큰술
마늘 2쪽
소금 적당량
후추 적당량
다진 샬롯 1개분
옥수수 전분 1/2큰술
드라이한 화이트와인 1/2컵
해물 또는 닭 육수 1컵
생크림 1컵
곱게 다진 타라곤 2큰술

1. 관자는 흐르는 찬물에 헹구고 종이 타월로 두드려 물기를 제거한다.
2. 큰 프라이팬을 중불에 올려 버터와 올리브유를 넣고 가열한다.
3. 마늘을 넣고 향이 날 때까지 약 30초간 익힌다.
4. 관자는 소금과 후추로 간을 한 후 프라이팬에 넣는다.
5. 관자가 노릇한 황금색이 나면서 불투명하게 될 때까지 각 면을 2~3분간 굽는다.
6. 가리비가 노릇해지고 캐러멜화가 되듯 구워지면 접시에 옮겨 담는다.
7. 팬에 버터 1큰술을 넣고 약불에서 녹인다.
8. 다진 샬롯을 넣는다. 계속 저어 주면서 부드러워질 때까지 3분간 익힌다.
9. 옥수수 전분을 넣고 가루 입자가 모두 사라질 때까지 젓는다.
10. 화이트와인을 팬에 붓고 약간 졸아들 때까지 2분간 뭉근히 끓인다. 나무 숟가락을 사용하여 믹스를 저어 주고 팬에 들러붙은 것을 긁어낸다.
11. 육수와 크림을 붓고 타라곤을 넣는다.
12. 소스가 숟가락 뒷면을 덮을 정도로 걸쭉하게 될 때까지 계속 저어가며 몇 분간 뭉근하게 끓인다.
13. 간을 맞춘 후 다시 관자를 넣는다. 관자에 소스를 끼얹어 차려 낸다.

항구 도시의 감자 크러스트 대구 요리

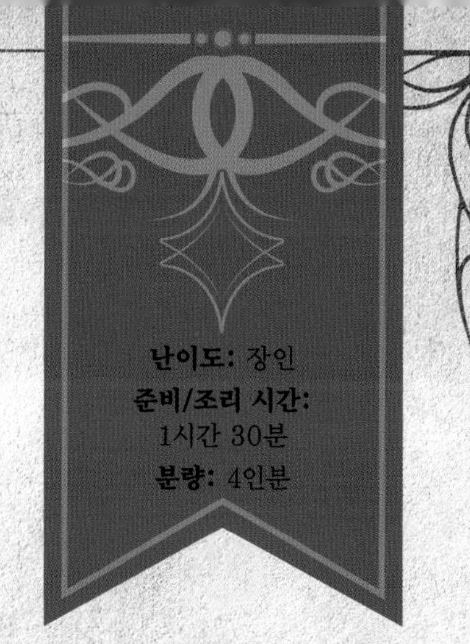

난이도: 장인
준비/조리 시간: 1시간 30분
분량: 4인분

내가 이 요리를 처음 먹어본 날은 끔찍한 모래 폭풍이 끝나가며 바람이 거세게 불던 어느 날이었다. 소용돌이치는 모래바람 속에서 스카프 사이로 눈을 가늘게 뜨고 루트 골레인의 가판대들을 지나 뭔가 요기를 하려고 아트마의 선술집으로 급히 들어섰다. 바에서 망토에 묻은 모래를 털어 내고 있었는데 아트마가 나를 맞이했다. "데드릭, 껍질로 덮인 대구처럼 보이네요." 나는 스스로도 그렇게 느껴진다고 대답했다. 그러자 그녀는 이렇게 말했다. "그렇다면 우리 집에 당신을 위한 완벽한 음식이 있죠." 정말로 그랬다. 그녀가 이 감자 크러스트 대구를 내놓았던 것이다. 말할 필요도 없겠지만 나는 식사를 마치기도 전에 그녀를 꼬드겨 레시피를 캐내었다.

호박씨 페스토

씨를 제거하고 다진 포블라노 고추 1개분
구운 호박씨 1/2컵
올리브유 1/2컵
마늘 6쪽
소금 2큰술
바질 1컵

감자로 덮은 대구

밀가루(중력분) 1컵
달걀 3개
인스턴트 매시트포테이토 가루 1컵
소금 1/2작은술
후추 1/8작은술
마늘 가루 1작은술
양파 가루 1작은술
말린 파슬리 1작은술
대구 필레 약 130g씩 4장
카놀라유 1/4컵
반으로 자른 레몬 1개분

페스토 만들기:

1. 푸드 프로세서에 후추, 호박씨, 올리브유, 마늘을 넣고 잘게 다져질 때까지 4~6회 펄스 모드로 멈춰가며 분쇄한다.
2. 그런 다음 소금과 바질을 넣고 믹스가 덩어리가 될 때까지 섞는다. 과도하게 섞거나 질감이 매끈해질 정도로 섞지 않도록 주의하며 한쪽에 둔다.

대구 필레 만들기:

3. 깊이가 얕은 볼에 밀가루를 넣는다. 두 번째 볼에 달걀을 모두 넣고 풀어 준다. 세 번째 볼에 매시트포테이토 가루, 소금, 후추, 마늘 가루, 양파 가루, 파슬리를 넣고 섞는다.
4. 대구 필레를 밀가루 볼에 넣고 여분은 털어 낸다. 그런 다음 각 필레를 달걀에 담가 옷을 입히는데 여분의 달걀물은 떨어지도록 한다.
5. 각 필레에 포테이토 가루 믹스를 묻히고 깨끗한 접시에 올려놓는다.
6. 깊이가 깊은 프라이팬에 기름을 두르고 중불에서 가열한다.
7. 대구 필레를 프라이팬에 넣고 노릇한 갈색이 날 때까지 한 면당 3~4분간 굽는다. 생선이 완전히 익고 내부 온도가 63°C에 도달할 때까지 천천히 익힌다.
8. 차려 내기 전에 필레를 종이 타월을 깐 접시 위에 올려 여분의 기름을 흡수시킨다.
9. 페스토 1큰술을 생선 위에 얹은 다음 레몬즙을 짜서 그 위에 뿌린다.

카즈라 당근

성역의 경이로운 먹거리들이 모두 모여 있는 항구에서 이 간단한 당근 슬라이스 요리가 아트마가 제공하는 모든 음식의 초석으로 남아 있다는 사실은 항상 나를 놀라게 했다. 그녀는 특히 고난의 시기에 시시각각 변하는 시장 상황 속에서도 뿌리채소들은 한결같다는 점에 주목했다. 엘직스는 그을릴 정도로 바짝 구운 당근으로 배를 채우고 있는 손님들의 모습을 우연히 발견했을 때를 이렇게 재치 있게 표현했다. "염소인간도 당근을 그렇게까지 좋아하진 않을 거예요."

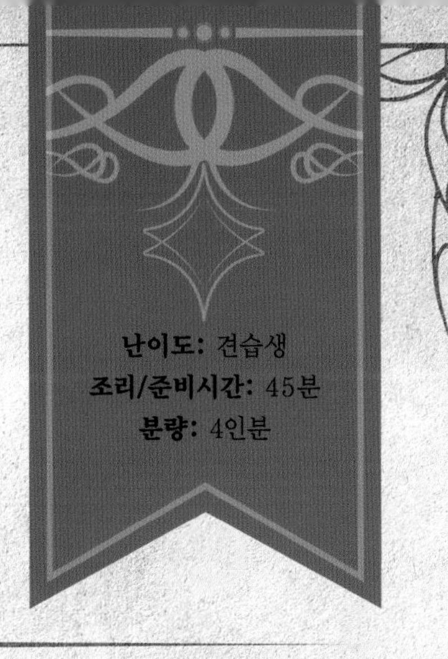

난이도: 견습생
조리/준비시간: 45분
분량: 4인분

- 껍질을 벗기고 다듬어 0.6 두께로 비스듬하고 굵게 슬라이스한 당근 450g
- 토마토 페이스트 1작은술
- 올리브유 3큰술
- 커민 가루 1작은술
- 파프리카 가루 1큰술
- 레몬 후추 1/2작은술
- 슈레드 파르메산 치즈 1컵
- 장식용 차이브

1. 오븐을 220°C로 예열한다.
2. 커민, 파프리카, 레몬 후추를 올리브유와 토마토 페이스트와 함께 섞는다.
3. 당근에 2의 양념을 바른 다음 파르메산 치즈에 담가 골고루 코팅한다.
4. 당근을 오븐에 넣고 15분간 구운 다음 뒤집는다. 15분간 더 굽거나 당근이 검게 그을리고 포크로 찔렀을 때 부드럽게 들어갈 때까지 굽는다.
5. 오븐에서 꺼내 차이브로 마무리한다.

쌍둥이 바다 해산물 스튜

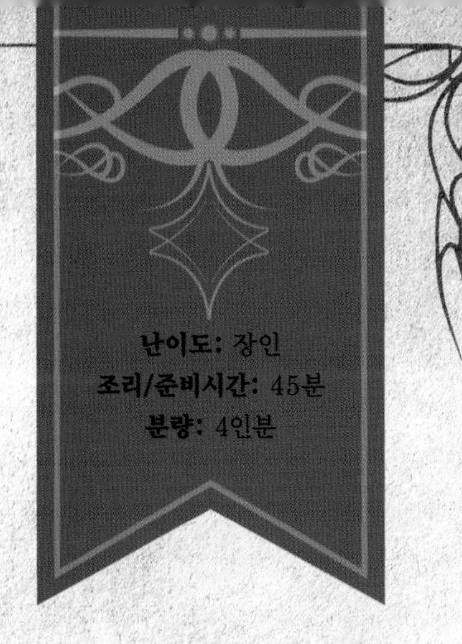

난이도: 장인
조리/준비시간: 45분
분량: 4인분

루트 골레인 시장의 노점들은 해가 뜨기 전에는 좀처럼 문을 열지 않지만, 나는 아트마가 그날의 상품들이 배에서 내려지기 전에 자신의 필수품들을 조달하는 것을 알고 있었다. 그녀는 가장 신선한 해산물들을 얻기 위해 생선 장수들과 흥정을 하거나 더 저렴한 가격에 메뉴를 구성해 보려는 희망으로 곧장 부두로 향했다. 그렇게 탄생한 이 해산물 스튜는 초리조, 양파, 토마토, 화이트와인 베이스의 국물에 새우, 홍합, 대구로 맛을 내고, 결정적으로 다양한 종류의 정원 허브로 풍미를 더했다. 앞에서 소개한 껍질이 바삭한 빵을 넉넉히 곁들이면 완벽한 한 끼 식사로 차려 낼 수 있다.

카놀라유 2큰술
케이싱을 벗긴 멕시코 초리조 (또는 매운 이탈리아 소시지) 약 225g
잘게 썬 작은 양파 1개분
얇게 슬라이스한 마늘 5쪽분
토마토 페이스트 1큰술
밀가루 2큰술
말린 오레가노 1큰술
말린 바질 1큰술
화이트와인 1/4컵
조개 육수 2컵
다이스 토마토 통조림 2캔(한 캔당 411g)
껍데기를 까고 내장과 꼬리를 제거한 크기가 큰 자연산 새우 680g
깨끗이 씻은 홍합 약 450g
0.6cm 크기로 깍둑썰기한 대구 또는 틸라피아 225g
다진 고수 약 60g
무염 버터 4큰술
슬라이스한 중간 크기 레몬 1개분
마무리용 엑스트라 버진 올리브유 1큰술
소금 적당량
후추 적당량

1. 커다란 솥이나 국 냄비에 올리브유와 초리조를 넣는다. 이 과정은 웍을 사용해도 좋다.
2. 나무 숟가락을 사용해 초리조를 중불에서 살짝 갈색이 될 때까지 덩어리를 잘게 부수며 약 4~5분간 또는 초리조 덩어리가 약간 바삭하게 될 때까지 볶는다.
3. 양파와 마늘을 넣고 향이 날 때까지 약 1분간 볶는다.
4. 토마토 페이스트, 밀가루, 오레가노, 바질을 넣고 밀가루가 골고루 섞일 때까지 2분간 더 볶는다.
5. 화이트와인을 넣고 팬 바닥에 들러붙은 것을 긁어낸다. 이 국물은 약간 걸쭉해 보일 것이다.
6. 조개 육수와 토마토 통조림을 넣고 약하게 끓인다. 해산물을 넣으면 맛의 강도가 약해지므로 원하는 것보다 살짝 짜게 간을 맞춰야 한다.
7. 새우, 홍합, 대구를 수프에 넣고 생선이 부서지지 않도록 주의하면서 골고루 섞일 때까지 부드럽게 젓는다.
8. 뚜껑을 덮고 홍합이 입을 벌릴 때까지 약 5~8분간 익힌다. 홍합이 입을 벌리지 않으면 상해서 먹기에 안전하지 않은 것이므로 버리도록 한다.
9. 뚜껑을 열고 불을 끈다.
10. 고수를 넣고(장식용으로 소량을 남겨 둔다) 버터를 넣어 녹을 때까지 섞는다.
11. 커다란 그릇에 담고 홍합 껍데기를 버릴 작은 그릇을 별도로 준비한다.
12. 레몬 슬라이스, 고수를 장식으로 올리고 올리브유와 소금과 후추를 뿌려 간을 맞춘 후 껍질이 바삭한 빵(*41쪽 참고)과 함께 차려 낸다.

습격자의 오렌지 스파이스 케이크

난이도: 숙련가
준비/조리 시간: 1시간 15분
분량: 8~10인분

내가 이제껏 들어본 이야기 중 특별히 흥미로운 일화가 몇 개 있는데, 그중 하나는 아트마에게 들은 이 레시피의 유래다. 어느 날 엘직스가 여관에 온 자신의 손님을 그녀에게 보냈는데 그 손님은 사막의 비에서의 숙식비를 감당할 수가 없어 하루치의 일당이 필요하던 차였다. 그는 자신이 발휘할 수 있는 주방에서의 솜씨를 증명하기 위해 그녀에게 케이크 한 조각을 건넸다. 그는 아트마가 맛있게 먹으면 받은 동전에 대한 대가로 레시피와 도움의 손을 그녀에게 제공할 요량이었다. 그녀는 그 케이크를 너무나 맛있게 먹은 바람에 거의 2주 동안이나 그에게 일을 맡겼는데…… 그 남자를 찾으려고 선술집을 거의 허물어 버린 도적 떼 때문에 그의 일도 끝났다. 아마도 이 레시피는 그 불쌍한 남자가 남긴 것의 전부일지도 모른다.

스파이스 케이크

밀가루(중력분) 2와 1/2컵
더블 액팅 베이킹파우더 2작은술
베이킹 소다 1작은술
소금 1/2작은술
계핏가루 2작은술
생강가루 1작은술
너트메그 가루 1작은술
올스파이스 가루 1작은술
설탕 1/2컵
황설탕 1/2컵
식물성 기름 3/4컵
달걀(특란) 3개
아몬드 엑스트랙 1작은술
갓 짠 오렌지 주스 1컵
다진 호두 1/2컵
잘게 채 썬 당근 2컵
오렌지 제스트(가급적 블러드 오렌지)

오렌지 글레이즈

슈거 파우더 1컵
갓 짠 오렌지 주스 2큰술
강판에 간 생강 1작은술
녹인 무염 버터 1큰술

케이크 만들기:

1. 오븐을 177°C로 예열한다. 23×33cm 크기의 케이크 틀에 기름칠을 한다.
2. 중간 크기의 믹싱볼에 밀가루, 베이킹파우더, 베이킹소다, 소금, 계피, 생강, 너트메그, 올스파이스를 넣고 함께 섞는다.
3. 큰 믹싱볼에 설탕, 황설탕, 기름, 달걀, 아몬드 엑스트랙을 넣고 매끈하게 될 때까지 섞는다. 여기에 밀가루 믹스와 오렌지 주스를 번갈아 가며 잘 혼합될 때까지 서서히 첨가한다. 다진 호두와 당근을 넣고 섞는다.
4. 반죽을 준비된 틀에 붓고 오렌지 제스트를 위에 올린다.
5. 45~50분간 또는 이쑤시개로 케이크의 가운데를 찔렀을 때 묻어 나오는 것이 없을 때까지 구운 뒤 완전히 식힌다. 이 케이크는 묵직하고 밀도가 촘촘해야 한다.

글레이즈 만들기:

6. 슈거 파우더, 오렌지 주스, 생강, 녹인 버터를 거품기로 부드러워질 때까지 함께 젓는다. 식힌 케이크 위에 이 글레이즈를 뿌려 낸다.

선장의 식탁

게아 쿨, 케지스탄

한때는 성역에서 문명과 무역의 중심지였던 케지스탄은 이제 예술이나 상업보다 전갈을 더 많이 생산한다고 한다. 내가 알기로는 과거에 접경지대의 악마들과 이교도들 사이를 힘겹게 헤쳐 나온 여행자들은 무너져 가는 항구 도시 게아 쿨에서 겨우 한숨을 돌릴 수 있었다. 허물어져 가는 판잣집이 강변을 따라 늘어선 진흙탕 길을 따라 내려가면 '선장의 식탁'이라는 여관이 있었다.

내가 어렸을 때 그러니까 키가 겨우 바의 높이 정도 되었을 때, 어머니는 이 선장의 식탁에서 일했다. 내 기억 속의 게아 쿨은 무서운 곳이었지만, 당시 이 여관의 전설적인 창업주인 하노스 제로난 선장은 직접 문의 빗장을 풀고 빈 식당으로 들어오게 해 주는 친절한 모습을 보였다. 그 빗장을 통해서 내가 알 수 있는 건 없어도 창문을 가로질러 못 박힌 판자는 그곳의 상황을 일러 주고 있었다.

그 선장은 새하얀 머리카락에 수다스러운 저음의 목소리를 가진 무시무시한 남자였다. 그는 분기별로 모이는 선장들의 모임에서 사용하는 서부원정지 해군이 쓰는 용어를 따서 여관의 이름을 지은 것 같았다. 또한 그는 배를 청결하게 유지하기 위해 옛날 방식인 소금물과 식초로 여관을 구석구석 문질러 닦았다.

사람들은 제로난 선장의 그 유명한 치즈 핸드 파이나 향긋한 쇼트브레드쿠키 한 접시를 먹고자 먼 길을 마다하지 않고 찾아오곤 했다. 나는 따뜻한 불빛을 발하는 이곳의 난로가 특히 마음에 들었다. 케지스탄의 이글거리는 모래 언덕 바로 남쪽에 위치한 여관에 탁탁 소리를 내며 타오르는 공용 벽난로가 있는 것이 이상해 보일 수도 있지만, 타는 듯한 모래를 가로질러 본 사람들이라면 잘 알다시피 고지대 사막은 해가 지평선 아래로 내려가면 추운 기운으로 가득하다.

이 선장은 몇 년 전 동전을 갈취하던 도적의 괴롭힘에서 한 무고한 사람을 구해 주려고 나섰다가 칼에 찔리면서 최후를 맞았다고 들었다. 그의 사환이었던 포라르가 죽은 선장을 추모하기 위해 그 선술집의 운영을 맡았다. 포라르는 이 늙은 여행자에게 편지를 쓴 적이 없었기에 그가 제로난 선장의 레시피를 간직하고 있다는 사실을 알게 되고는 흥분을 감추지 못했다.

치즈 핸드 파이

이 도시의 혼란스러운 교차로에서 길을 잃었다면, 군침이 돌게 만드는 이 치즈 핸드 파이의 냄새가 선장의 식탁 문 앞으로 우리를 인도해 줄 것이다. 핸드 파이를 한번 먹은 후로 나는 레시피의 비밀을 알려줄 때까지 직원들을 성가시게 하는 참을 수 없는 골칫거리가 되고 말았다. 그날 이후로 나는 불에 구운 할루미 치즈의 냄새를 맡으면 굶주린 늑대처럼 침을 흘리게 되는데, 특히 내 오븐에서 나오는 향을 맡으면 더욱 그렇게 된다.

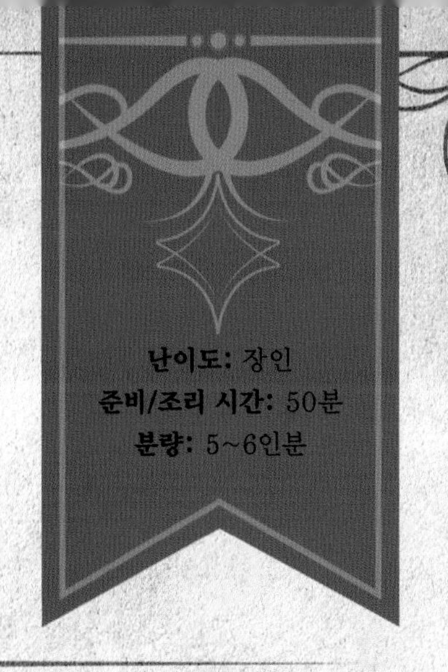

난이도: 장인
준비/조리 시간: 50분
분량: 5~6인분

식물성 기름 1큰술
다진 작은 양파 1개분(약 /1/4컵)
다진 마늘 2쪽분
작게 깍둑썰기한 할루미 치즈 225g(혹은 케소 프레스코 치즈를 사용해도 좋다.)
달걀 1개
밀가루(중력분) 2큰술
해동한 퍼프 페이스트리 시트 1팩
소금 1/2작은술

1. 25cm 지름의 프라이팬에 기름을 두르고 중강불에 올린다.
2. 양파와 마늘을 넣고 가끔 저어 주면서 2분간 익힌다.
3. 할루미 치즈를 넣고 한쪽 면이 살짝 갈색이 나도록 노릇하게 구운 다음 팬에서 꺼낸다. 이 믹스는 한쪽에 둔다. 다른 치즈를 사용할 경우 이 단계는 생략한다.
4. 오븐을 205°C로 예열한다.
5. 베이킹 시트에 유산지를 깐다.
6. 작은 믹싱볼에 달걀을 깨뜨려 넣고 포크로 풀어서 한쪽에 둔다.
7. 작업대 위에 밀가루를 뿌리고 페이스트리 시트 1장을 펼친다.
8. 페이스트리 시트를 30cm 크기의 정사각형 모양으로 밀어 준다.
9. 원형 커터를 사용해 페이스트리를 13cm 지름의 원이 네 개가 나오도록 잘라낸다. 나머지 페이스트리 시트도 같은 과정을 반복한다.
10. 각 페이스트리 원의 중앙에 부드러운 치즈 믹스를 2큰술 정도 숟가락으로 떠서 올린다. 필링 위로 페이스트리를 덮어서 접고 가장자리를 눌러 밀봉한다. 포크로 가장자리에 주름을 잡는다.
11. 잘 드는 칼을 사용하여 페이스트리 윗부분에 작은 칼집을 낸다. 그런 다음 페이스트리를 베이킹 시트 위에 올린다.
12. 페이스트리에 달걀물을 바르고 소금을 뿌린다.
13. 오븐에 넣고 15분간 또는 페이스트리가 황금빛 갈색이 날 때까지 굽는다. 식힘 망에 페이스트리가 놓인 베이킹 시트를 통째로 올려 10분간 식힌다.

칭찬 일색 겹겹 팬케이크

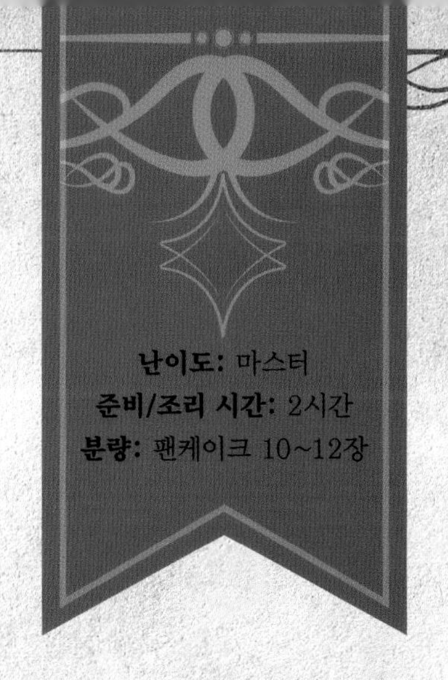

난이도: 마스터
준비/조리 시간: 2시간
분량: 팬케이크 10~12장

내게는 뜨거운 그리들 팬에서 지글지글 구워지던 팬케이크에 대한 아련한 추억이 많은데, 어머니는 갓 만든 팬케이크를 식탁에 올리기 전에 몰래 맛보게 해 주시곤 했다. 선장의 식탁에서 아침부터 단 것은 안 된다며 퇴짜를 놓지만 막상 팬케이크가 식탁에 올라오면 그 말을 후회하는 뻔뻔한 전사들을 많이 보았다. 이 팬케이크를 만들 때는 세부 사항에 대한 세심한 주의가 요구된다. 공 모양으로 빚은 각 반죽을 매끄럽게 굴리며 끈적거리지 않으면서 탄력 있는 질감을 만드는 것이 중요하다. 팬케이크를 접는 것도 매우 까다로운 작업이지만 하루를 시작하는 데 도움이 되는 아침 식사를 위해서는 충분한 가치가 있는 과정이다.

밀가루(중력분) 3과 1/2컵과 필요시 조금 더

고운 세몰리나 가루 1/2컵

설탕 2작은술

굵은 소금 2작은술

액티브 드라이 이스트 1/4작은술

미지근한 물 1과 1/2컵과 필요시 조금 더

식물성 기름 1과 1/2컵

녹인 무염 버터 1/2컵

실온에 둔 가염 버터 3/4컵, 나누어 사용

딸기잼 1컵

1. 밀가루, 세몰리나, 설탕, 소금, 이스트를 큰 믹싱볼에 넣고 섞는다. 물을 넣고 혼합해 반죽을 만든다.
2. 손으로(또는 믹서와 반죽 후크를 사용해) 아주 매끈하고 부드러우면서도 탄력이 있지만 끈적거리지 않을 때까지 반죽을 치댄다. 이러한 질감을 얻기 위해 필요에 따라 물이나 밀가루의 양을 조절한다.
3. 반죽을 라임 크기 정도의 공 모양으로 나눈다. 공의 윗면과 옆면이 모두 매끈한지 확인한다. 반죽 공을 기름칠을 한 쟁반이나 접시로 옮겨 비닐로 느슨하게 덮고 20분간 휴지시킨다.
4. 평평한 작업대 한쪽에 버터와 기름을 담은 각각의 그릇들을 올려 두고 반죽을 누를 준비를 한다.
5. 작업대에 소량의 기름(약 1작은술)을 바르고 그 위에 반죽 한 덩이를 올린다.
6. 손으로 반죽을 최대한 얇게, 속이 훤히 들여다보일 정도로 얇지만 찢어지지는 않을 정도로 납작하게 펴준다.
7. 페이스트리 브러시를 사용해 반죽 표면에 버터를 바르고 소금을 뿌린 후 반죽을 반으로 접는 것을 4~6회 반복한다. 프라이팬이나 그리들 팬 크기에 깔끔하게 맞도록 충분히 접어야 한다. 남은 반죽으로도 이 과정을 반복한다. 반죽은 냉장고에서 최대 48시간까지 보관할 수 있다.
8. 바닥이 두꺼운 프라이팬을 중불에 올리거나 그리들의 온도를 177°C로 맞춘다.
9. 반죽을 마지막으로 한 번 더 평평하게 펴서 팬 안에 정사각형으로 들어갈 수 있을 정도의 크기, 약 10~13cm가 되도록 만든다.
10. 팬케이크의 양면을 황금빛 갈색이 돌 때까지 2분마다 뒤집어가며 굽는다(반죽 1개당 약 8~10분).
11. 팬케이크가 다 익으면 꺼내서 접시에 올린다. 숟가락으로 팬케이크 윗면에 실온에 둔 버터 1/2큰술을 바른다. 남은 팬케이크도 같은 과정을 반복한다.
12. 딸기잼을 곁들여 차려 낸다.

보이지 않는 눈을 가진 참치

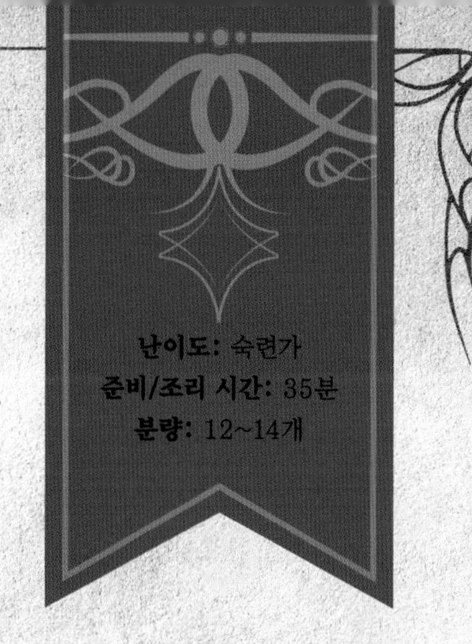

어느 날 저녁, 나는 기쁘게도 아스카리 부족 출신의 한 선원 옆에 앉게 되었다. 몇 시간 동안 그녀는 내게 고국의 이야기를 재미있게 풀어 주었는데 어찌나 많은지 그 이야기들만으로도 두꺼운 책 한 권을 가득 채울 수 있을 정도였다. 그중 가장 나의 상상력을 사로잡은 이야기는 '보이지 않는 눈'에 관한 것이었다. 이 유물을 사용하면 먼 거리라도 의사소통을 할 수 있을 뿐만 아니라 미래를 슬쩍 볼 수도 있다고 한다. 저녁 식사가 나오자 내 접시에 담긴 이 참치가 살아 있을 때 어망을 피하기 위해서라도 이 보이지 않는 눈을 사용했으면 좋았을 거라는 생각이 들었다.

파르메산 칩

강판에 간 파르메산 치즈 1/2컵

참치

참깨 3큰술

흑임자 3큰술

설탕 1작은술

간장 또는 리퀴드 아미노 2큰술

생물 또는 해동한 냉동 황다랑어 450g

식물성 기름 또는 포도씨유 2큰술

참기름 1작은술

바다 소금 1큰술

파르메산 칩 만들기:

1. 오븐을 205°C로 예열한다.
2. 유산지를 깐 베이킹 시트에 파르메산 치즈를 크게 한 큰술 떠서 올리고 숟가락 등으로 치즈를 살살 펴준다.
3. 서로 1.3cm 간격을 유지하도록 치즈 더미를 올린다. 오븐에 넣고 5~8분간 또는 치즈가 노릇한 황금색이 날 때까지 굽는다.
4. 5분간 식힌 후 베이킹 시트에서 칩을 조심스럽게 떼 내어 5분 더 식힌다.

참치 만들기:

5. 중간 크기의 볼이나 접시에 참깨와 흑임자, 설탕을 넣는다. 간장을 깊은 그릇이나 평평한 접시에 붓는다.
6. 종이 타월로 참치를 두드려 물기를 닦아 낸다. 참치를 접시에 담고 간장을 사방에 바른다.
7. 참치를 참깨 흑임자 믹스에 담그고 참깨 흑임자를 참치 사방에 넉넉히 뿌린 후 믹스가 고루 묻힐 수 있게 참치살을 꾹꾹 누른다.
8. 두꺼운 프라이팬이나 일반 프라이팬을 센 불에 올린다. 팬에 식물성 기름과 참기름을 넣는다.
9. 코팅한 참치를 조심스럽게 팬에 넣고 60초간 또는 흰 참깨가 황금빛 갈색이 날 때까지 굽는다. 타지 않도록 주의한다.
10. 참치의 모든 면이 제대로 구워질 때까지 돌리면서 굽는다. 팬에서 꺼내 2분간 식힌다.
11. 참치 조각을 0.6cm 두께의 크기로 조심스럽게 슬라이스한다. 파르메산 칩 위에 참치 슬라이스를 올리고 바다 소금을 뿌려 마무리한다.

선원들을 위한 선장의 생선 스튜

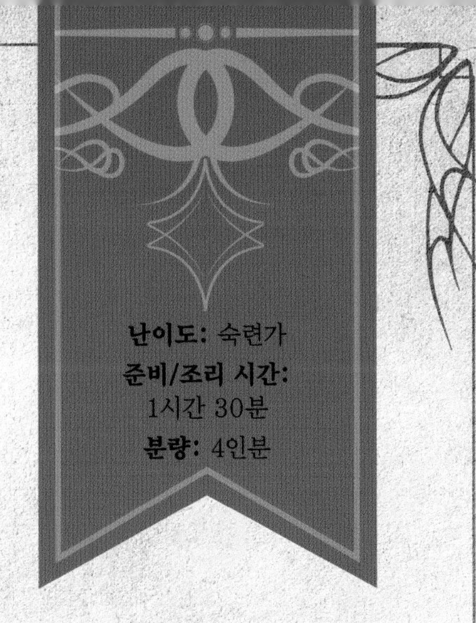

난이도: 숙련가
준비/조리 시간: 1시간 30분
분량: 4인분

나는 많은 손님을 돌려보내야 했을 정도로 40여 명의 선원이 선술집을 가득 메워 시끌벅적했던 어느 저녁 날의 장면을 아련하게 기억한다. 파티는 시끄럽고 소란스러웠으며 그들을 본 선장의 얼굴은 이상하면서도 강철 같은 표정이었다. 그는 선원들이 이곳에 온 이유를 안다며 나의 어머니에게 비키라고 말했다. 어머니와 내가 바쁘게 테이블과 바를 오가며 잔을 채우고 테이블을 치우는 동안 여관 안에는 경외심 어린 침묵이 감돌았다. 뒤를 돌아보니 선장이 배의 선원 전체를 먹일 수 있는 양의 스튜가 담긴 가마솥을 들고 있었다. 김이 모락모락 피어오르며 맛있는 냄새가 나는 생선 스튜였다. 선장이 가장 소중히 여기는 레시피로 만든 스튜였다. 한때 선장 아래에 있었던 이 선원들은 게아 쿨에 입항할 때마다 선장의 식탁으로 순례하듯 찾아왔다. 나는 선장이 국자를 떠서 그릇을 다시 채우는 것을 부지런히 도왔고, 만취 상태인 몇몇 선원들은 한 방울이라도 흘리는 비극은 없을 것이라는 농담을 하다 도리어 그릇을 엎기도 했다. 순식간에 속이 깊은 가마솥은 바닥을 보였고 선원들은 비틀거리는 걸음을 하며 밤 속으로 사라졌다. 그들이 떠나는 모습을 지켜보던 선장의 슬픈 미소가 생생하게 기억이 난다.

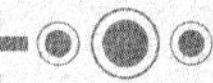

- 엑스트라 버진 올리브유 2큰술
- 중간 크기의 다진 적양파 1개분
- 다진 셀러리 2대분
- 중간 크기의 다진 당근 2개분
- 중간 크기의 다진 주키니 호박 1개분
- 다진 마늘 2~3쪽분
- 바다 소금 적당량
- 후추 적당량
- 드라이한 화이트와인 1/2컵
- 다진 토마토 1캔(794g 용량), 국물과 함께 사용
- 생선 육수 4컵
- 껍질을 제거하여 대충 썬 큰 넙치(핼리벗) 450g
- 손질하여 4등분한 그린빈 1컵
- 레몬즙과 제스트 1개분
- 다진 파슬리 3/4컵
- 잣 1/4컵

1. 수프를 끓일 만한 큰 솥에 올리브유를 두르고 중불에 올린다.
2. 양파, 셀러리, 당근, 주키니 호박, 마늘을 솥에 넣는다.
3. 소금과 후추를 뿌려 채소에 간을 한다.
4. 채소가 부드러워지고 향이 우러날 때까지 약 4~5분간 가끔씩 저어가며 볶는다.
5. 와인을 솥에 붓고 나무 숟가락으로 솥 바닥에 들러붙은 것을 긁어낸다.
6. 재료들이 혼합되도록 잘 저어 주고 2~3분간 뭉근히 끓인다.
7. 다진 토마토와 생선 육수를 솥에 넣고 빠르게 끓인다.
8. 불을 중약불로 줄이고 뚜껑을 덮은 후 20~25분간(이따금 저어가며) 뭉근하게 끓인다.
9. 뚜껑을 열고 다진 넙치와 그린빈을 넣는다.
10. 다시 뚜껑을 덮어 넙치는 껍질이 벗겨지고, 그린빈은 살짝 부드러워질 때까지 약 8~10분간 계속 익힌다.
11. 레몬즙, 레몬 제스트, 잣, 파슬리를 넣고 젓는다.
12. 불에서 내리고 소금과 후추를 더 넣어 간을 맞춘다.

강령술사의 생선 그릴 구이

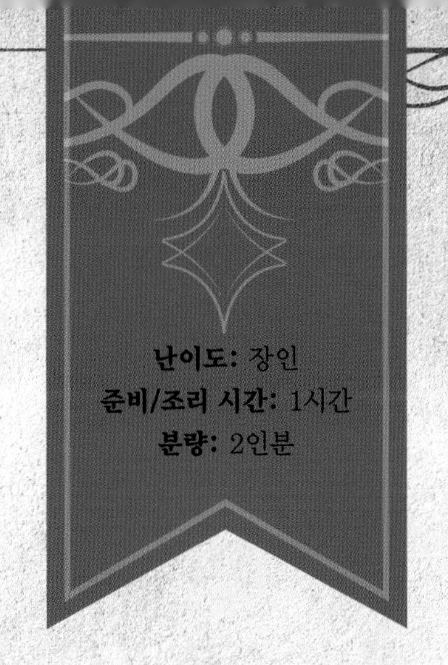

나는 이 놀라운 음식을 먹을 때면 거칠고 노쇠한 사내가 에일 한 잔을 들이켜며 내 옆으로 슬며시 다가온 것이 생각난다. 그는 벌어진 이 사이로 미소를 지으며 반세기 전의 이야기를 시작했다. 그의 기억에 그날은 추운 밤이었고, 그는 위안을 받고 싶은 엄청난 갈증을 해소하기 위해(그러나 성공하지 못한 채) 술집에 앉아 있었다고 했다. 그때 가까운 칸막이에 있던 선원들의 시끄럽게 열광하는 소리가 그의 주의를 끌었다. 그는 선원들의 열렬한 시선을 따라 입구를 쳐다보았는데, 너무나 매력적인 은빛 눈동자와 검고 윤기가 흐르는 머리를 한 젊은 여성 하나가 막 실내로 들어서던 참이었다. 여행에 지치고 피곤해 보였던 여인은 차가운 눈빛 한 번으로 소란스러운 갑판원들을 잠재웠다(나중에 이 노쇠한 사내는 그녀가 라트마의 유명한 강령술사 카라 나이트섀도우라는 사실을 알게 되었다). 눈썰미가 있는 제로난 선장은 서둘러 그녀에게 사이다와 그의 시그니처 요리인 생선 그릴 구이를 내놓았다. 회복 효과는 뚜렷하고 즉각적이었다.

녹인 무염 버터 1/2컵
레몬즙 1/4컵
간장 1/4컵
틸라피아 필레 680g
마늘 가루 1작은술
(또는 다진 마늘 2쪽분)
파프리카 가루 1큰술
소금 적당량
후추 적당량

1. 그릴을 예열한다. 그릴이 없을 경우 오븐을 233°C로 예열한다.
2. 믹싱볼에 녹인 버터, 레몬즙, 간장을 넣고 섞는다.
3. 틸라피아 필레의 양면에 마늘 가루, 파프리카, 소금, 후추로 간을 한다.
4. 베이킹 용기에 기름을 칠한 뒤 양념한 틸라피아 필레를 배열한다.
5. 버터, 레몬즙, 간장 믹스를 틸라피아 필레 위에 붓는다.
6. 예열한 오븐에서 그릴 기능으로 6~8분간 또는 틸라피아가 속까지 완전히 익고 윗부분은 살짝 갈색이 날 때까지(혹은 내부 온도가 63°C가 될 때까지) 굽는다. 오븐 기능으로 구울 경우 15~20분간 굽는다.

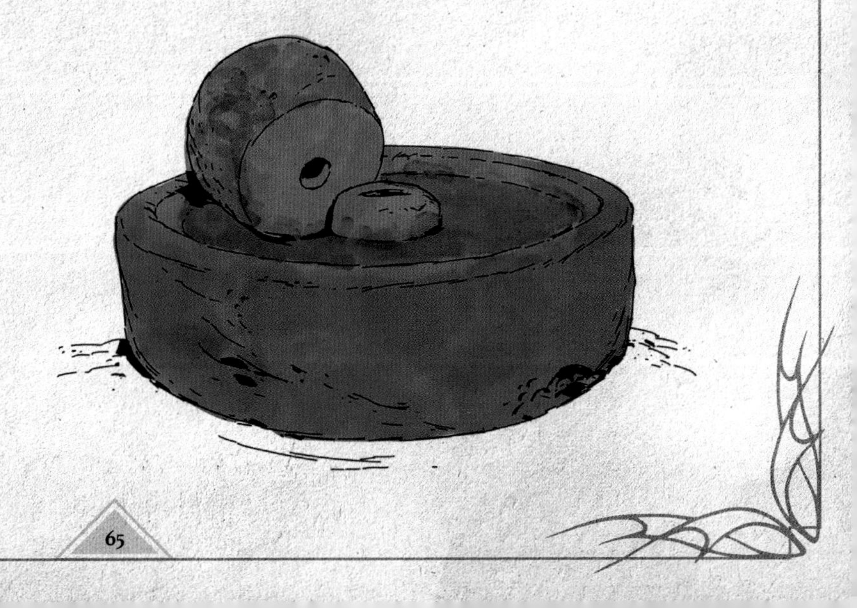

눈속임 허니 당근 스틱

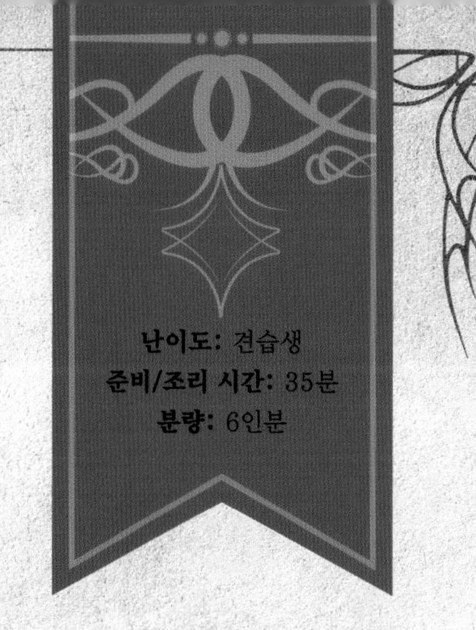

난이도: 견습생
준비/조리 시간: 35분
분량: 6인분

선장은 상류층들을 상대하는 연회장에서 이 레시피를 가져왔다. 어머니는 주석 접시에 이 음식을 담아 주시면서 허니 당근 스틱에 대한 선장의 남다른 애정을 이야기하셨다. 어느 날 밤 한 쌍의 불운한 사기꾼들이 칸막이에 앉아 말다툼을 벌였다고 했다. 갖가지 음식 중에 그들은 소금에 절인 고기와 이 구운 허니 당근 스틱을 잔뜩 먹었고 독한 술도 몇 잔 곁들였다고 했다. 그 중 한 명이 비틀거리며 입구로 걸어가더니 몸을 돌려 마지막 욕을 툭 내뱉고 나갔다. 다른 한 명은 수저를 집어 들고 그를 좇았다. 이는 그저 계산하지 않고 식사를 하려는 얄팍한 계략이었는데, 그들은 출입구로 도망치다가 제로난 선장과 마주쳤다. 주인장의 얼굴에서 보기 드문 화난 표정을 읽은 순간 이 도적들은 걸음을 멈췄다. 도적들은 그 후 3시간 동안 그의 개수대에서 냄비를 문질러 닦았고 친절하게도 선장은 그들이 술에서 깨어나자 허니 당근 스틱을 대접했다.

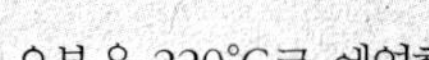

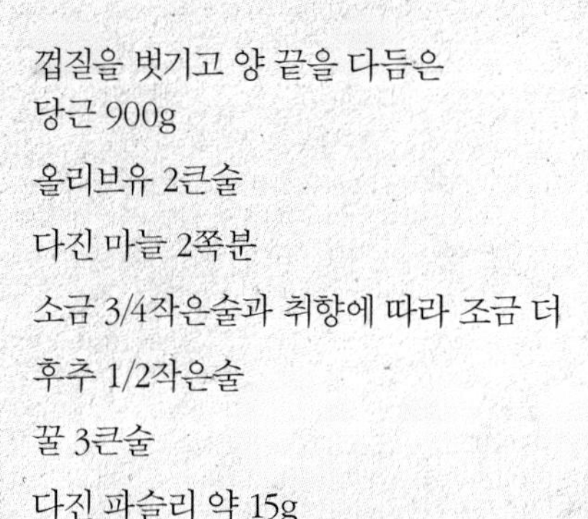

껍질을 벗기고 양 끝을 다듬은 당근 900g

올리브유 2큰술

다진 마늘 2쪽분

소금 3/4작은술과 취향에 따라 조금 더

후추 1/2작은술

꿀 3큰술

다진 파슬리 약 15g

1. 오븐을 220°C로 예열한다.
2. 당근을 5cm 길이로 자른다. 두꺼운 당근은 세로로 잘라 모든 조각의 크기를 거의 똑같이 맞춘다. (농장에서 바로 가져온 당근의 경우 세로로 자르면 더 멋스럽게 보이도록 만들 수 있다.)
3. 당근을 큰 믹싱볼에 넣고 올리브유를 뿌린 다음 마늘을 넣고 소금과 후추를 뿌린 후 함께 버무린다.
4. 베이킹 트레이에 당근을 평평하게 올린다. 그 위로 꿀을 골고루 뿌린다.
5. 10분간 또는 당근이 그을리면서 색이 나기 시작할 때까지 굽는다.
6. 오븐에서 꺼내 당근을 뒤집고 10분간 더 또는 포크로 찔렀을 때 부드럽게 익었다 싶을 때까지 굽는다.
7. 파슬리를 뿌린 후 소금으로 한 번 더 간을 맞춘다.

레쇼미의 향긋한 쇼트브레드

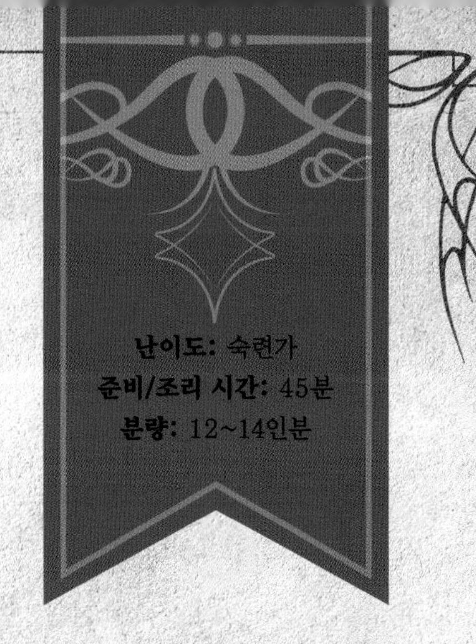

난이도: 숙련가
준비/조리 시간: 45분
분량: 12~14인분

이 간식은 좋은 우정을 쌓는 데 도움을 주었다. 어릴 적 어리석게도 나는 선장에게 그가 그토록 사랑하는 허니 당근 스틱 외에는 그의 음식 중에 달콤한 것이 거의 없다고 불평을 했다. 몇 주 후 빨간 후드 망토를 두른 여자가 손에 쇼트브레드 한 접시를 들고 나타났다. 그녀의 이름은 레쇼미였고, 알고 보니 그녀는 칼데움에서 귀족들을 위해 베이킹을 하는 여자였다. 선장은 그녀에게 편지를 써서 푸딩과 타르트, 마지팬 케이크와 생크림 등 그녀가 판매하는 것들의 비법을 전수하는 대가로 돈을 주겠다고 제안했다. 나는 그녀가 만드는 모든 제과류에 감탄하며 주방에서 그림자처럼 그녀를 따라다녔고, 솔직히 고백하자면 그녀가 만든 첫 번째 디저트인 이 향긋한 쇼트브레드에 대해서는 아직도 특별한 애착을 보일 정도로 좋아한다.

실온에 둔 무염 버터 1컵
설탕 2/3컵
아몬드 엑스트랙 1/2작은술
밀가루(중력분) 2컵
계핏가루 1작은술
너트메그 가루 1/8작은술
라즈베리 잼 1/2컵

1. 중간 크기의 믹싱볼에 버터, 설탕, 아몬드 엑스트랙을 넣고 섞는다.
2. 크림이 될 때까지 볼에 붙은 것을 자주 긁어내면서 중속으로 섞는다.
3. 속도를 줄이고 밀가루, 계피, 너트메그 가루를 넣는다. 잘 혼합될 때까지 약 3분간 섞는다.
4. 반죽이 뭉치기 시작할 때까지 계속 믹서로 치댄다. 처음에는 다소 건조하고 부스러질 듯이 보이지만 시간이 지나면 뭉쳐질 것이다.
5. 믹서에서 반죽을 꺼내 공 모양으로 굴린 후 덮개를 씌운다. 반죽이 단단해질 때까지 최소 2시간 이상 냉장고에 둔다.
6. 오븐을 177°C로 예열한다.
7. 냉장고에서 반죽을 꺼내 작업대에 올린다.
8. 반죽을 2.5cm 지름의 공 모양으로 만든다.
9. 공 모양의 반죽을 기름칠을 하지 않은 쿠키 시트에 5cm 간격으로 놓는다.
10. 각 반죽의 중앙을 엄지손가락으로 눌러 움푹 들어간 홈을 만든다.
11. 각 홈에 라즈베리 잼을 1/4작은술씩 채운다. 너무 많이 채우지 않도록 주의한다.
12. 14분간 또는 쿠키의 가장자리가 옅은 갈색이 될 때까지 굽는다.
13. 쿠키는 1분간 그대로 두었다가 쿠키 시트에서 떼어내 완전히 식힌 후 먹는다.

늑대의 도시 선술집

서부원정지의 수도, 서부원정지

서부원정지의 정박지이자 하항河港으로 잘 알려진 이 수도에는 상류층, 하류층을 막론하고 다양한 방문객들과 난민들이 모여든다. 외곽 지역을 여행하던 배고픈 방랑자가 어쩌다 '늑대의 도시 선술집'을 우연히 발견한다 해도 한낱 그렇고 그런 술집으로 착각할 수도 있다. 서부원정지 경비대의 순찰대원들도 종종 못 본 척할 정도로 평판이 좋지 않은 기드온 가街에 자리 잡고 있지만, 이 놀라운 장소는 어둡고 불길한 예감이 드는 밤에는 큰 위안이 된다. 이곳에서는 바 가까이에 앉아 멀드 레드와인을 주문하고 쌍둥이 바다에서 가장 훌륭한 선술집 음식을 사 먹을 수 있다.

내가 그곳에서 근무했을 때 나는 어렸고 어머니와 함께 여행을 다니며 일을 배우고 있었다. 바텐더인 베일리는 항상 조용한 어조로 사람들과 비밀스럽게 만남을 가지는 등 신비에 싸인 일에 자주 연루되는 것 같았다. 그가 어떤 일에 관여했든 간에 그는 엄격하게 주방을 운영했고, 그의 거래가 음식이나 와인의 품질에 부정적인 영향을 미친 적은 결코 없었다. 여기 이 여행자의 안식처에서 내가 직접 만든 음식 중 몇 가지를 실었는데, 특히 주목할 것은 게살 샐러드 번과 사슴고기 스튜다.

산적의 바삭 베이컨

이 간식은 목숨을 걸고 도둑질을 할 만큼 맛있다고 전해져 내려오고 있다. 나는 몇 년 전 루나사드 추수감사제에서 이것을 처음 맛보았는데, 이 축제는 한창때였을 때조차도 수도의 성문 밖 작은 마을에서 누더기 같은 천막들이 즐비한 가운데 다소 차분하게 진행되었던 축제였다. 베일리와 나는 선술집에 떼를 지어 몰려드는 현지인들에게 이 매운 베이컨 간식을 서빙하느라 정신이 없었는데, 그 틈에 한 남자가 새치기해 접시 하나를 통째로 들고 사라졌다. 베일리는 그 남자가 3일 후 늑대의 문 근처의 유스티니안 도로를 따라 다시 나타났으며, 아마도 우리 것보다 더 값진 것을 훔친 것 같다고 말했다.

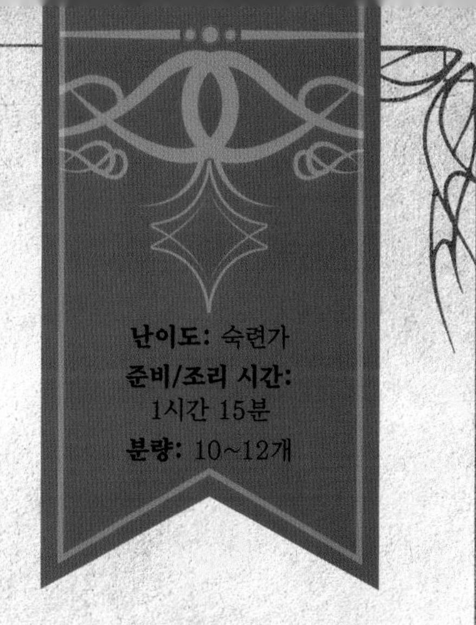

난이도: 숙련가
준비/조리 시간: 1시간 15분
분량: 10~12개

두꺼운 베이컨 450g
황설탕 1/2컵
으깬 후추 1/2작은술
카옌페퍼 1/4작은술
레드 페퍼 플레이크 1/2큰술

1. 오븐을 190°C로 예열한다.
2. 베이킹 시트에 실리콘 패드나 유산지, 알루미늄 포일 또는 식힘 망을 깐다.
3. 베이킹 시트를 가득 채울 정도로 베이컨을 그 위에 올리되 겹치지 않게 놓는다.
4. 작은 믹싱볼에 황설탕, 후추, 카옌페퍼, 레드 페퍼 플레이크를 넣은 뒤 잘 혼합되도록 젓는다.
5. 4의 믹스를 베이컨 위에 뿌리고 가볍게 두드려 준다.
6. 갈색이 나면서 바삭해질 때까지 또는 최대 40분간 베이컨을 굽는다.
7. 오븐에서 꺼내 15~20분간 식힌다.
8. 반으로 자른 후 차려 낸다.

에센의 돼지고기 꼬치구이

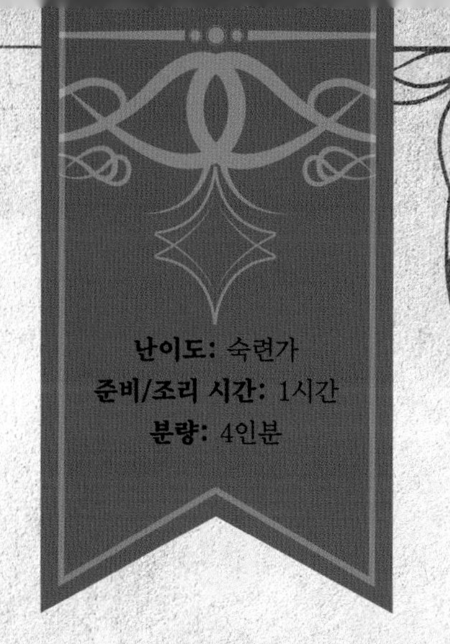

난이도: 숙련가
준비/조리 시간: 1시간
분량: 4인분

어머니의 솜씨는 늑대의 도시 선술집의 수준을 다른 경쟁자들보다 한 단계 끌어올리는 데 큰 도움이 되긴 했지만, 어머니는 상류층 요리를 해 본 경험이 거의 없었다. 어쨌든 대부분의 여관들도 가장 기본적인 재료만 구비할 수 있었을 뿐이었다. 하지만 늑대의 도시 선술집을 찾는 고객층은 일반 서민에 국한되지 않았기 때문에 베일리는 서부원정지에 있는 부유한 영주의 저택들에서 뛰어난 요리사를 하나도 아니고 둘이나 데리고 왔는데, 그들이 에센과 웬슬이다. 아주 묘한 이야기지만 그들은 영주의 방대한 향신료 창고에서 얻은 양념 자루도 가지고 왔다. (베일리가 그들의 노동력과 그들이 가져온 물자를 강탈했을 수도 있지만 아무도 이를 확신하지 못했고 감히 그를 고발하지도 못했을 것이다.) 어쨌든 이 돼지고기 꼬치구이는 꽤나 인기 있는 음식이 되었고, 에센은 어머니에게 요리법을 전수해 주었다. 이들이 늑대의 도시 선술집과 맺은 계약이 끝난 후에도 어머니는 계속해서 이 음식을 내놓았는데…… 단, 양념이 남아 있을 때까지였다.

돼지고기

올리브유 2큰술
말린 타임 1큰술
말린 로즈메리 1큰술
파프리카 가루 1과 1/2작은술
마늘 가루 1큰술
소금 2큰술
1.3cm 크기로 깍둑썰기한 돼지고기 등심 1.5kg
1.3cm 크기로 썬 홍피망 2개분
1.3cm 크기로 썬 청피망 2개분

레몬허니소스

레몬즙 1/4컵
꿀 1/2컵
다진 마늘 2쪽분
소금 1/2작은술
후추 1작은술
타바스코 또는 핫소스 1/2작은술

돼지고기 준비하기:

1. 작은 믹싱볼에 올리브유, 타임, 로즈메리, 파프리카, 마늘 가루, 소금을 넣고 섞는다.
2. 이 양념한 올리브유를 잘라 놓은 돼지고기와 피망에 골고루 바른다.
3. 돼지고기와 피망을 번갈아 가며 나무 꼬치에 끼운다.
4. 그릴을 사용하는 경우 꼬치를 로티세리 또는 봉에 걸친다. 그릴을 사용한다면 남은 피망을 포일로 만든 주머니에 넣어 꼬치 옆에 놓아도 된다.
5. 돼지고기를 직화로 또는 그릴에서 중간중간 뒤집어가며, 약 20분간 익히거나 돼지고기의 심부 온도가 71°C가 될 때까지 익힌다.

소스 만들기:

6. 작은 냄비에 레몬즙, 꿀, 마늘, 소금, 후추, 타바스코소스를 넣고 섞는다.
7. 중불에 올려 소스가 잘 혼합되고 살짝 걸쭉한 질감이 날 때까지 가끔씩 저어가며 가열한다.
8. 이 소스를 조리 마지막 5분 동안 돼지고기와 피망 위에 발라 준다.
9. 기호에 따라 소스를 추가로 곁들여 따뜻하게 차려 낸다.

늑대의 도시 수박 시금치 샐러드

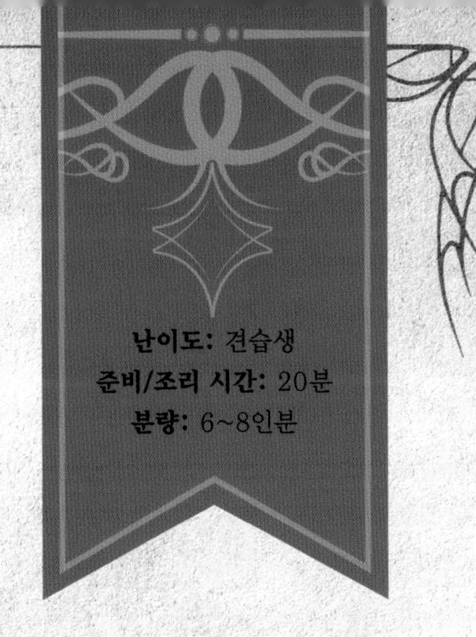

난이도: 견습생
준비/조리 시간: 20분
분량: 6~8인분

과거 기이한 죽음이 서부원정지를 에워싸기 전 (그리고 성역 대부분을 휩쓸기 전) 늑대의 도시 선술집에는 노래가 가득했다. 나는 어느 한산한 밤에 수줍은 태도로 바텐더에게 처음으로 춤을 춰 달라고 부탁했던 그 시절을 종종 떠올리곤 한다. 그때 음식을 나르던 직원들과 단골손님들 어쩌면 그 바텐더도 지금쯤이면 죽은 지 오래되었을지도 모른다. 살면서 끔찍한 잔학 행위를 목격하다 보면 기쁨이라는 것도 누릴 수 있을 때 누려야 한다는 사실을 새삼 깨닫게 된다. 어차피 내일은 약속된 것이 아니며, 이 세상에서 작용하는 힘은 우리가 이해할 수 있는 범위 밖에 있다. 오늘 나는 이 상큼한 전채 요리로 그 시절 활기찼던 저녁들의 추억을 기념하고자 한다.

드레싱

화이트 발사믹 비니거 1/2컵

아보카도 또는 홍화씨유와 같이 향이 없는 기름 3큰술

포피시드(양귀비씨) 1큰술

메이플 시럽 2큰술

디종 머스터드 1작은술

굵은 소금 1작은술

샐러드

가늘게 채를 썬 베이비 시금치 8컵

약 2.5cm 크기로 깍둑썰기한 씨 없는 수박 3컵

염소 치즈 1과 1/2컵

구운 호박씨 1/4컵

1. 비니거, 기름, 포피시드, 메이플 시럽, 머스터드, 소금을 거품기로 젓거나 블렌더로 섞어 드레싱을 준비한다.
2. 베이비 시금치를 헹구고 물기를 제거한다.
3. 잎을 한 줌 집어 단단히 말아 담배 모양을 만든다.
4. 단단히 만 시금치 뭉치를 아주 얇게 슬라이스한다. 모든 시금치를 전부 채 썰 때까지 이 과정을 반복한 뒤 한쪽에 둔다.
5. 수박을 중간 크기 또는 큰 믹싱볼에 넣는다. 수박에 드레싱을 묻히고 맛을 확인한다.
6. 채 썬 시금치를 넣고 골고루 수박에 묻을 때까지 부드럽게 섞는다.
7. 차려 내기 위해 크고 평평한 접시에 시금치와 수박 섞은 것을 깐다.
8. 시금치와 수박 믹스 위에 염소 치즈를 뿌린다. 치즈 덩어리가 너무 크지 않도록 주의한다.
9. 소금으로 한 번 더 간을 한 후 구운 호박씨를 뿌려 마무리한다.

항만 노동자의 게살 샐러드 번

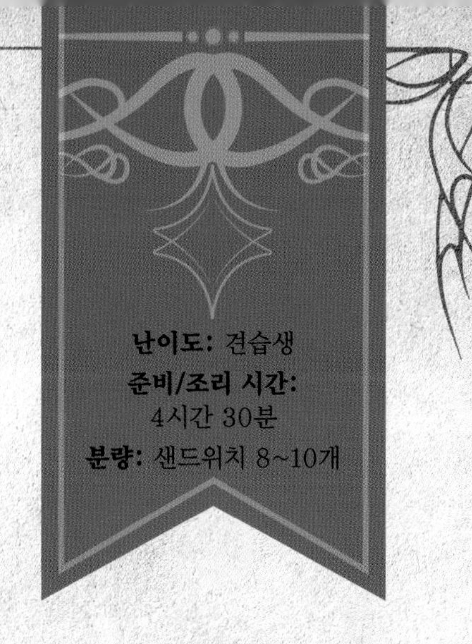

난이도: 견습생
준비/조리 시간: 4시간 30분
분량: 샌드위치 8~10개

서부원정지의 선원들과 항만 노동자들 사이에는 오랜 시간 곪아 터진 적대감이 있었다. 선원들은 바다로 나가기를 꺼린다는 이유로 항만 노동자들을 열등하게 여기고, 항만 노동자들은 선원들이 소란을 피우며 도시를 돌아다니는 것에 대해 원망했다. 많은 선술집에서 이런 갈등이 난투극으로 불거지곤 했지만 늑대의 도시 선술집에서는 거의 일어나지 않는 일이었다. 베일리는 선술집의 특선 요리로 이 두 그룹 모두의 배를 잔뜩 불렸는데, 이는 양파, 오이, 부추, 게살을 잘게 썰어 따뜻한 번에 넣은 샐러드 번이었다. 이 놀라운 맛이야말로 이 두 그룹이 유일하게 의견의 일치를 본 것일지도 모른다.

게살 샐러드

게살 덩어리 450g
잘게 썬 적양파 1/4컵
잘게 썬 오이 1/4컵
다진 차이브 4큰술
마요네즈 1/2컵
디종 머스터드 1큰술
굵은 소금 1큰술
올드 베이 시즈닝 2작은술
레몬즙 2큰술
칠리 또는 스리라차 소스 1큰술

게살 샐러드 만들기:

1. 큰 믹싱볼에 게살, 적양파, 오이, 차이브를 넣고 섞는다.
2. 별도의 믹싱볼에 마요네즈, 디종 머스터드, 굵은 소금, 올드 베이 시즈닝, 레몬즙, 칠리 또는 스리라차 소스를 넣고 잘 섞는다.
3. 게살 믹스 위에 2의 드레싱을 붓고 재료에 고르게 묻을 때까지 조심스럽게 젓는다.
4. 이렇게 만든 게살 샐러드는 냉장고에서 30분 이상 차갑게 한 후 내놓는다.
5. 먹을 준비가 되면 냉장고에서 꺼낸다.

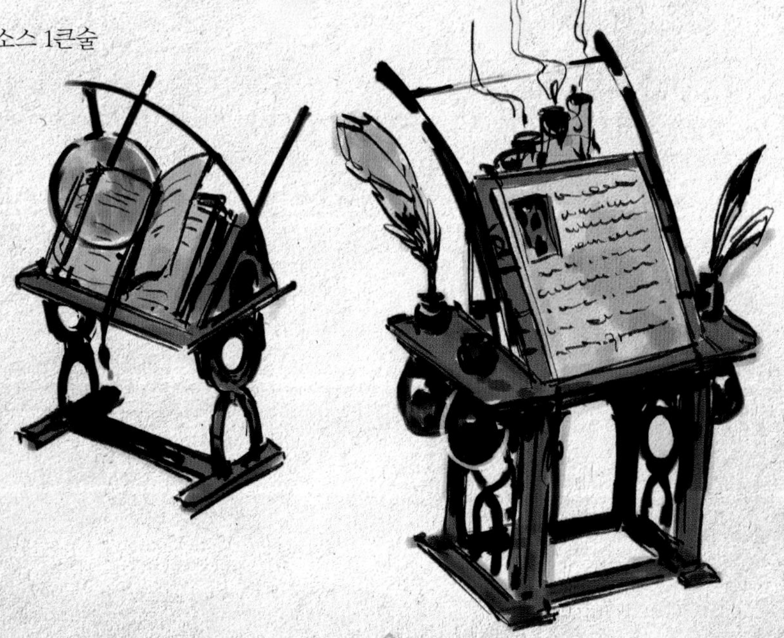

다음 페이지에서 계속

번

미지근한 물 1/3컵

미지근한 우유 1/2컵

액티브 드라이 이스트 1큰술

설탕 4큰술

식물성 기름 또는 카놀라유 2큰술

밀가루(중력분) 2와 1/2컵

베이킹파우더 1/2작은술

소금 1/4작은술

식물성 기름 3컵

번 만들기:

6. 미지근한 물과 우유, 액티브 드라이 이스트, 설탕, 기름 2큰술을 함께 섞는다.
7. 이스트와 설탕이 녹을 때까지 휘저은 다음 이스트가 활성화되어 윗부분에 거품이 생길 때까지 약 5~10분간 그대로 둔다.
8. 밀가루, 베이킹파우더, 소금을 반죽 후크를 장착한 스탠드 믹서의 볼에 넣고 섞는다.
9. 젖은 재료를 8의 마른 재료 믹스에 붓는다. 저속으로 시작해서 모든 재료를 천천히 섞은 다음 중속으로 올려 반죽이 단단하고 응집력 있게 뭉쳐질 때까지 치댄다. 중속에서 3~4분간은 반죽해야 한다. 반죽은 탄력 있고 부드러워야 하지만 손가락이나 믹싱볼에 달라붙지 않아야 한다.
10. 반죽을 후크에서 떼어내 공 모양으로 만든다. 다시 믹싱볼에 넣고 비닐 랩으로 덮은 후 따뜻한 곳에서 크기가 3배가 될 때까지 약 2시간 반 동안 부풀린다.
11. 부풀어 오른 반죽을 깨끗한 작업대 위에 올린다. 위에 밀가루를 1큰술 정도 뿌리고 골고루 펴준다.
12. 반죽이 0.6cm 두께가 될 때까지 민다.
13. 반죽을 원형 쿠키 틀이나 음료수 또는 와인 잔을 사용하여 9cm 지름의 원으로 8~10개가량 자른 다음 큰 반죽에서 떼어 낸다.
14. 번의 한 면에 기름을 가볍게 바르거나 스프레이로 뿌리고 반달 모양이 되도록 반으로 접는다. 숟가락의 등을 사용해 각각의 번을 조심스럽게 누른다. 유산지를 깐 베이킹 트레이에 번을 올리고 비닐로 덮은 후 실온에서 30분간 더 휴지시킨다.
15. 번을 휴지시킨 후 남은 기름 3컵을 주물 팬이나 프라이팬에 넣고 177°C로 가열하여 튀길 준비를 한다.
16. 번을 익히기 위해 동그란 반죽을 기름에 넣고 바깥면은 옅은 갈색이 될 때까지 약 1~2분간 튀긴다. 번을 뒤집어 1분간 튀기되 안쪽 면은 색을 내지 않는다. 번을 꺼내 종이 타월 위에 올려놓는다.
17. 따뜻한 번을 접시에 올린다.
18. 게살 샐러드를 채우고 차려 낸다.

서부원정지 갈릭 새우

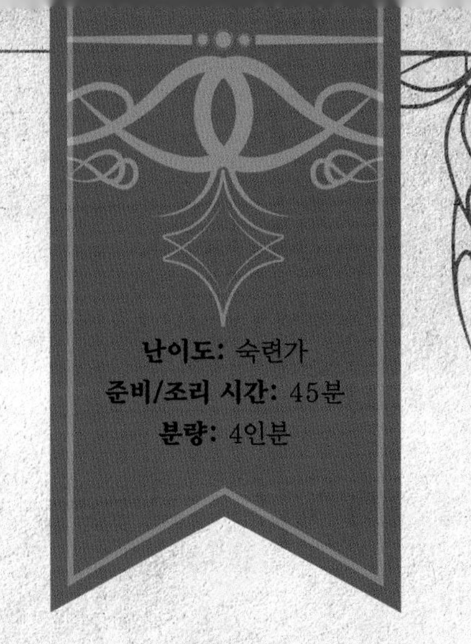

난이도: 숙련가
준비/조리 시간: 45분
분량: 4인분

당연하겠지만 항구의 활기는 상당 부분 이곳에 주둔한 해군 함정에서 비롯된 것이었다. 코넬리우스 왕은 해적의 위협을 막고 해상 무역을 확보하는 등 왕국의 해상력을 강화하는 데 많은 노력을 기울였다. 이는 아버지와 형을 잃고 왕이 되었을 때 순진한 유스티아누스가 물려받은 강점이었다. 당시 젊었던 나는 심지어 유스티아누스가 통치하던 기간에도 시장에 얼마나 다양한 품목이 있었는지를 기억한다. 그래서 매일 심부름하는 시간도 길었다. 내가 이곳을 떠난 이후에 도시에 닥친 위험들로 인해 상황은 달라졌을 것이다. 그래도 한 가지 변하지 않은 것은 이 간단하고 맛있는 새우 요리에 대한 나의 애정이다. 웨슬은 두 종류의 치즈를 교묘하게 섞어 버터와 레몬의 균형을 잘 맞추었다.

링귀니 면 450g
엑스트라 버진 올리브유 1/2컵
다진 마늘 6쪽분
곱게 다진 샬롯 1개분
껍데기를 벗겨서 씻고 내장을 제거한 새우 450g
화이트와인 1/2컵
무염 버터 4큰술
큼직한 레몬을 짠 즙 1개분
레몬 제스트 1큰술
다진 파슬리 1/4컵
반으로 자른 방울토마토 1컵
강판에 간 파르메산 치즈 1/2컵
잘게 부순 페타 치즈 1/2컵

1. 큰 냄비에 소금을 넣고 끓인 물에 링귀니 면을 넣고 포장지에 적힌 조리법에 따라 알 덴테가 될 때까지 익힌다. 파스타를 익힌 면수를 1컵 남겨 둔다.
2. 파스타가 익는 동안 큰 프라이팬에 올리브유를 두르고 중불에 올린다. 다진 마늘과 샬롯을 넣고 향이 날 때까지 약 2~3분간 익힌다.
3. 새우를 프라이팬에 넣고 분홍색이 되면서 완전히 익을 때까지 약 3~4분간 익힌다.
4. 프라이팬에서 새우를 꺼내 한쪽에 둔다.
5. 화이트와인을 프라이팬에 넣고 끓인다. 와인이 3분의 1로 줄어들 때까지 약 2~3분간 졸인다.
6. 버터, 레몬즙, 레몬 제스트, 다진 파슬리를 소스에 넣고 젓는다.
7. 익힌 새우를 반으로 자른 방울토마토와 함께 프라이팬에 다시 넣는다.
8. 파스타를 7의 소스와 새우 믹스에 넣고 프라이팬에서 버무린다.
9. 강판에 간 파르메산 치즈와 잘게 부순 페타 치즈를 넣고 젓는다.
10. 원하는 경우 파슬리와 레몬 제스트를 추가로 얹어 바로 차려 낸다.

웨슬의 사슴고기 스튜

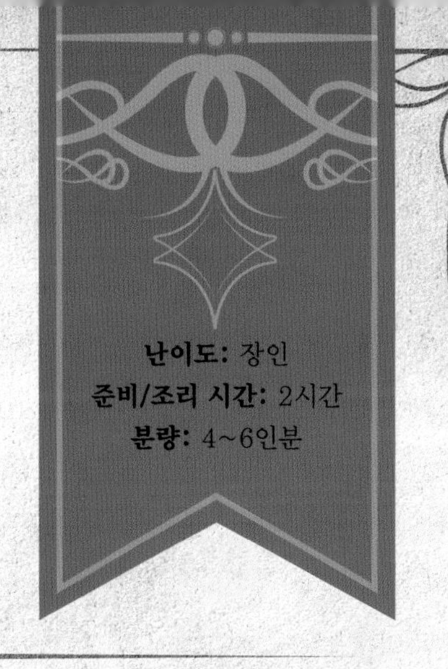

난이도: 장인
준비/조리 시간: 2시간
분량: 4~6인분

제대로 양념이 된 이 사슴고기 스튜는 브람웰에서 유래되었지만, 웨슬이 이 요리를 배우게 된 이유는 그가 모시던 영주가 너무나도 좋아해서였다. 그리하여 그는 이 레시피를 선술집으로 가져오게 되었다. 이 스튜는 늑대의 도시 선술집 손님들에게도 많은 사랑을 받았던 것으로 기억하는데, 다만 재료 준비에 많은 시간이 필요해서 웨슬에겐 여유가 없었다. 그래도 고기를 미리 갈색이 나도록 구워 두면 지글지글 구운 풍미가 주는 만족감이 더해지고, 레드와인은 냄비 바닥에서 긁어낸 고기 부스러기와 감칠맛 나는 대조를 이룬다.

올리브유 2큰술

2.5cm 크기로 깍둑썰기한
스튜용 사슴고기 900g

소금 적당량

후추 적당량

큼직한 양파 2개분, 다져서 사용

다진 마늘 4쪽분

레드와인 1/2컵

다진 선 드라이드 토마토 1/2컵

로즈메리 2큰술

소고기 육수 6컵

껍질을 벗겨 깍둑썰기한 큼직한 당근 4개

깍둑썰기한 작은 감자 4개

1. 큰 주물 냄비를 중강불에 올린다.
2. 올리브유와 사슴고기를 넣는다. 소금과 후추로 간을 한 다음 고기의 사방이 갈색으로 익을 때까지 약 5분간 굽는다. 냄비에서 꺼내 한쪽에 둔다.
3. 같은 냄비에 다진 양파와 다진 마늘을 넣는다. 불은 중약불로 줄인다. 양파가 반투명해질 때까지 약 5~8분간 익힌다.
4. 레드와인을 붓고 냄비 바닥을 문질러 바닥에 붙은 것을 긁어낸다.
5. 선드라이드 토마토, 로즈메리, 소고기 육수, 당근을 넣는다. 잘 섞이도록 젓는다.
6. 갈색으로 구운 사슴고기를 냄비에 다시 넣고 끓인다.
7. 불을 중약불로 줄이고 1시간 동안 또는 사슴고기와 야채가 부드럽게 될 때까지 뭉근히 끓인다. 이후 감자를 넣고 감자가 완전히 익을 때까지 30분간 더 끓인다.
8. 껍질이 바삭한 빵(*41쪽 참고)과 함께 따뜻하게 차려 낸다.

핏빛 수렁의 초콜릿 타르트

바보들이나 핏빛 수렁으로 감히 모험을 떠난다는 말이 있는데, 그 말이 맞을 것이다. 이 맛있는 타르트의 기원에 대해 물었더니 에센은 라키스가 신화 속 도시를 찾다가 실패한 데서 유래했다고 조용한 어조로 말했다. 그는 라키스의 십자군이 핏빛 수렁 중심부에 있는 폐허에서 진짜 보물을 찾기 위해 저열한 자들과 박쥐를 막아낸 일이 있다고 설명했는데, 그때 이 귀한 간식의 제조 과정이 자세히 묘사된 조각들이 여기저기 흩어져 있었다고 했다. 젊은 시절에는 꽤 흥미진진한 이야기라고 생각했지만 노인이 된 지금은 그 이야기가 어쩌면 평범한 기원을 감추기 위한 환상적인 겉치장에 불과할 수도 있다는 것을 알게 되었다. 그의 이야기는 신빙성이 떨어지지만 그 저주받은 수렁으로 짧은 여행을 떠나볼 가치는 있다.

필링

가염 버터 1컵과 1작은술, 나누어 사용
뜨거운 물 4큰술
인스턴트 커피 또는 에스프레소 가루 1큰술
설탕 3/4컵
다진 다크 초콜릿 400g
바닐라 1큰술
달걀노른자 4개
달걀(전란) 5개

토핑

물 1/8컵
설탕 1/8컵
라즈베리 2컵
블랙베리 2컵
코코아 파우더 2큰술

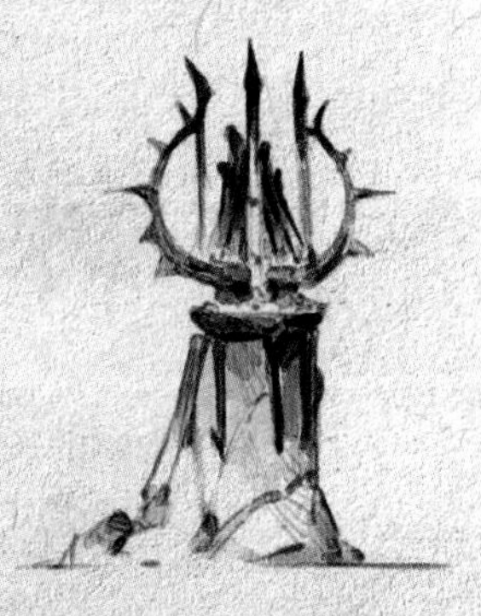

필링 만들기:

1. 오븐을 165°C로 예열한다.
2. 버터 한 작은술로 23cm 지름의 바닥이 분리되는 팬에 기름칠한다. 베이스에 유산지나 원형 실리콘 매트를 깔아 준다.
3. 에스프레소 가루는 뜨거운 물을 부어 녹인다.
4. 바닥이 두꺼운 냄비에 물을 끓인 다음 금속 또는 유리 믹싱볼을 올려 초콜릿을 넣고 녹일 중탕냄비를 만든다.
5. 남은 버터를 약불에서 녹인다. 설탕과 녹인 커피를 넣는다. 설탕이 녹을 때까지 고무 스패출러로 젓는다.
6. 초콜릿을 여러 번에 나누어 넣고 매끈하게 될 때까지 섞는다. 초콜릿이 과열되지 않도록 주의한다. 온도계를 사용하여 60°C를 넘지 않는지 확인한다.
7. 불을 끄고 스탠드 믹서의 볼이나 핸드 믹서를 사용할 수 있는 다른 믹싱볼에 녹인 초콜릿을 넣는다.
8. 바닐라와 달걀노른자를 넣고 빠르게 거품기로 저어 초콜릿 믹스와 섞어 준다. 그다음으로 전란을 넣는다. 매끈하게 될 때까지 섞는다.
9. 8의 믹스를 기름칠을 한 팬에 붓고 밑바닥까지 꽉 차도록 흔들어 준다.
10. 가장자리에 살짝 금이 가면서 틀에서 떨어질 때까지 약 40분간 굽는다. 가운데는 굳지 않고 여전히 찰랑거려야 한다.
11. 오븐에서 꺼내 냉장고에 넣고 하룻밤 동안 둔다.

토핑 만들기:

12. 중간 크기의 냄비에 물을 넣고 끓인 후 설탕을 넣는다. 설탕이 녹을 때까지 저어준 후 식힌다.
13. 이 심플 시럽이 식으면 라즈베리와 블랙베리를 냄비에 넣고 시럽을 묻힌다.
14. 필링이 굳은 타르트에 시럽을 코팅한 베리를 올리고 그 위에 코코아 가루를 체에 쳐서 뿌린다. 타르트는 슬라이스하여 내놓는다.

불타는 혀

스탈브레이크, 공포의 땅

경험이 많은 여행자라면 폐허가 된 지역으로 탐험을 떠나는 것을 주저하지 않는다. 그러한 장소들은 종종 놀라운 보상을 제공하기 때문이다. 반세기 전 공포의 땅을 방문했을 때 나는 과감하게 그러한 곳으로 모험을 떠났다. 한때 북부 대초원으로 알려졌던 이 구불구불 경사진 초원은 아리앗 산이 폭파되면서 잿더미로 변했다. 하지만 황량한 대지로 둘러싸인 음산한 전초기지인 사면초가의 스탈브레이크에서 나는 아주 예사롭지 않은 한 식당을 발견했다.

그 당시 아나라라는 이름의 여성 요리사가 있던 '불타는 혀'는 매운 열기가 미각을 자극할 때 느껴지는 본능적인 전율을 표현한 적절한 이름이었다. 카옌, 마늘 그리고 세라노 고추(멕시코 품종의 고추로 다른 고추와 비교해서도 유난히 더 매운 것이 특징이다. 국내에서는 유통되지 않으므로 청양고추로 대체할 수 있다._역자 주)로 맛에 생기를 더한 아보카도 소스의 향이 공기를 채우며 그녀의 트레이드마크인 매운 찢은 소고기 요리 플래터가 바 테이블로 미끄러지듯 내려오자 나의 눈시울은 기대감으로 촉촉하게 젖었다. 가장 인상적인 것은 메르게즈 소시지 패티였는데, 나는 맛을 보는 것만으로 레시피를 추측해 보려고 시식을 두 번이나 요청하기도 했다. 마지막으로 그곳을 방문한 후 많은 시간이 흘렀지만 나는 이 책을 위해 최선을 다해 그녀의 레시피를 재현해 보았다.

아리앗의 구운 파프리카 달걀

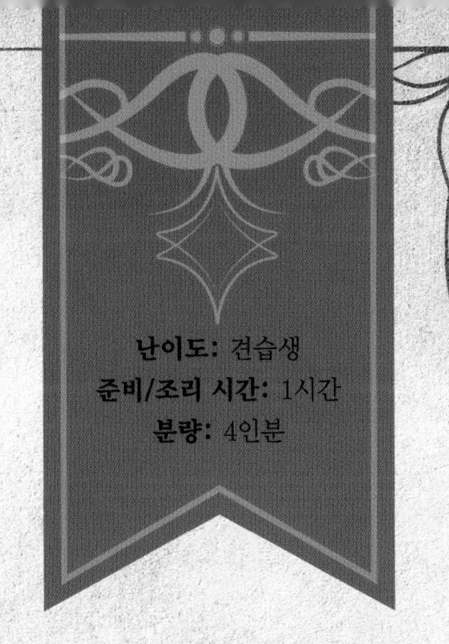

스탈브레이크까지 갈 수 있을 만큼 강한 의지를 가지고 있다면 아나라의 파프리카 달걀을 먹어볼 만큼 모험심도 강할 것이다. 아나라는 내게 달걀노른자와 구운 파프리카를 혼합한 이 독특한 필링을 맛볼 수 있게 해 주었다. 완숙으로 삶은 달걀 12개를 반으로 잘라 쟁반 위에 올리고 필링을 조금 채워 넣은 음식이었다. 왜 산의 이름을 따서 이 음식의 이름을 지었냐고 물었더니, 그녀는 다소 퉁명스럽게 '오래된 산처럼 높게 쌓일 정도로' 많은 양을 만들어서 그렇다고 말했다. 비록 바쁜 아침이면 마치 산이 그랬던 것처럼 무너지고 말겠지만, 이런 황폐한 상황에서는 유머가 가장 좋은 대처 방법이라고 생각한다.

달걀(특란) 8개
구운 빨간 파프리카 1/4컵
마요네즈 4큰술
디종 머스터드 1큰술
파프리카 가루 2작은술, 나누어 사용
소금 1작은술
잘게 다진 차이브 3줄기분

1. 큰 냄비에 물을 넣고 센 불에 올려 끓인다.
2. 달걀을 조심스럽게 물에 넣고 다시 팔팔 끓인 후 불을 줄여 약하게 끓인다.
3. 달걀을 11분간 익힌 후 물에서 건져 얼음물이 담긴 커다란 믹싱볼에 넣어 10분간 둔다.
4. 달걀 껍데기를 벗기고 세로로 자른다. 조심스럽게 노른자를 꺼내고 꺼낸 노른자는 푸드 프로세서에 넣는다. 흰자는 냉장고에 넣어 계속 차게 보관한다.
5. 푸드 프로세서에 구운 빨간 파프리카, 마요네즈, 머스터드, 파프리카 가루, 소금을 넣는다. 완전히 혼합될 때까지 분쇄하며 섞는다.
6. 이 노른자 믹스를 크고 둥근 깍지가 달린 짤주머니나 큰 비닐봉지에 넣는다. 지퍼백 같은 것을 사용하는 경우 공기를 빼내고 밀봉한 후 모서리를 잘라 낸다.
7. 각 달걀흰자의 중앙에 1큰술 정도의 노른자 필링을 채우되 너무 많이 채우지 않도록 주의한다.
8. 다진 차이브를 위에 올려 장식한 다음 노른자에 파프리카 가루를 뿌린다.
9. 바로 차려 내거나 덮개를 씌워 최대 하루 동안 냉장고에 둔다.

부엉이 부족의 소고기 슬라이스 구이

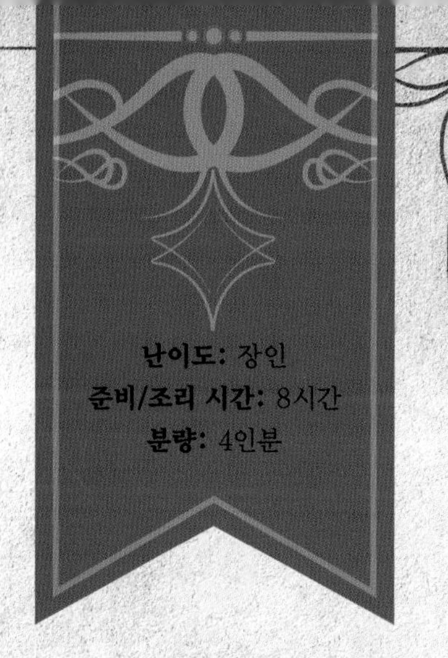

난이도: 장인
준비/조리 시간: 8시간
분량: 4인분

스탈브레이크는 조상 대대로 아리앗 산을 지켜온 공포의 땅의 야만용사들과 자카룸 신앙을 전파하며 북진한 라키스의 후손, 이 두 민족의 가교 역할을 했다는 점에서 독특했다. 이 부족들은 항상 동맹을 맺은 것은 아니었지만 오랜 세월에 걸친 여러 차례의 결혼을 통해 평화를 이루게 되었다. 이 레시피의 절반은 부엉이 부족에 속한 야만용사인 보안관의 아내를 통해 불타는 혀에 전해졌고, 나머지 절반은 보안관이 직접 만든 특선 요리들이다. 우선 야만용사들의 요리인 얇게 썬 소 옆구리살 스테이크로 시작한다. 그러나 고기를 굽기 전에 이 부위는 하루 종일 보안관의 마리네이드에 담가 둔다. 여기에 세라노 고추의 알싸한 매운맛이 가미된 아보카도 소스가 더해져 완벽한 맛의 조화를 이룬다. 내가 스탈브레이크를 떠난 후 얼마 지나지 않아 무서운 전염병이 그곳에 닥쳤고 보안관과 그의 아내 모두 그 후의 혼란 속에서 사라졌다고 들었다. 나는 그들의 사랑이 이 요리에 살아 숨 쉬고 있다고 생각한다.

아보카도 소스

잘 익은 아보카도 2개
생크림 1/4컵
고수 약 60g
라임즙 1/4컵
세라노 고추 1/2개
소금 1과 1/2작은술

소고기

얇게 슬라이스한 옆구리살 스테이크 450g
간장 1/2컵
스리라차 소스 1/4컵
다진 쪽파 1/4컵과 장식용으로 조금 더
황설탕 3큰술
레드 칠리 페이스트 2큰술
다진 마늘 4큰술
참깨 2큰술
참기름 2큰술
카옌페퍼 1작은술
후추 1작은술

아보카도 소스 만들기:

1. 블렌더 또는 푸드 프로세서에 아보카도와 생크림, 고수, 라임즙, 세라노 고추, 소금을 넣고 크림처럼 될 때까지 블렌딩을 한다. 냉장고에 보관한다.

소고기 만들기:

2. 얕은 접시에 옆구리살 스테이크 슬라이스를 올린다.
3. 간장, 스리라차 소스, 쪽파, 황설탕, 칠리 페이스트, 마늘, 참깨, 참기름, 카옌페퍼, 후추를 볼에 넣고 함께 섞는다.
4. 스테이크 위에 3의 믹스를 붓는다. 비닐 랩으로 덮어 하룻밤 동안 또는 최대 72시간 동안 냉장고에 둔다.
5. 그릴을 260°C로 설정하거나 프라이팬을 센불에 올린다.
6. 마리네이드에 재운 스테이크 슬라이스를 건져내 한쪽에 둔다.
7. 예열된 그릴이나 프라이팬에서 고기의 심부 온도가 60°C가 될 때까지 그릴에서는 한 면당 약 4분, 뜨거운 팬에서는 6~8분간 굽는다.
8. 고기를 꺼내 한쪽에 두고 휴지시킨다.
9. 남은 마리네이드를 팬에 붓고 약간 걸쭉해질 때까지 졸인 다음 구운 스테이크 위에 붓는다.
10. 쪽파로 장식하고 아보카도 소스와 함께 차려 낸다.

회색 병동 양파 파이

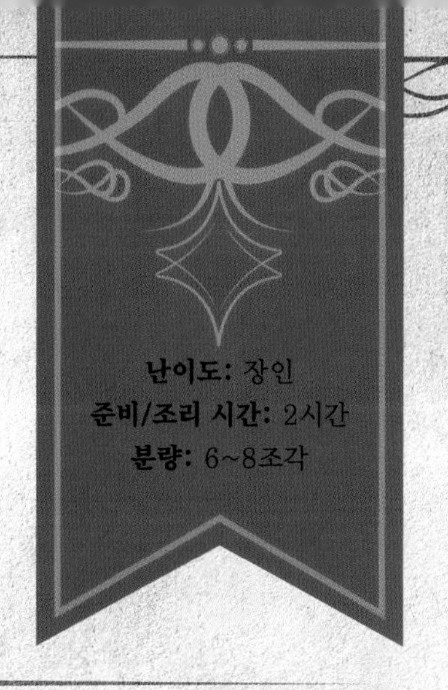

나는 회색 병동이 스탈브레이크에서 가장 피해야 할 동네라는 사실을 깨닫게 되었다. 마을의 병든 자, 부상당한 자, 가련한 사람들이 빽빽하게 들어차 저마다 구원을 호소하고 있었다. 이 레시피는 병동을 돌보던 친절한 약제사로부터 유래한 것이다. 그는 양파와 달걀이 어떤 사람들에게는 힘을 준다는 사실을 발견했다. 이 레시피를 가정집 주방에서 시도하는 사람들은 다른 양파 품종도 사용할 수 있지만, 이 레시피를 처음 만든 약제사의 말에 따르면 비달리아 양파가 이 특별한 파이에 가장 적합하다고 한다.

난이도: 장인
준비/조리 시간: 2시간
분량: 6~8조각

파이 크러스트

밀가루(중력분) 1과 1/4컵

설탕 1/2큰술

소금 1/4작은술

무염 버터 8큰술

얼음물 3큰술

양파 필링

무염 버터 3큰술

얇게 슬라이스한 비달리아 또는 일반 양파 4컵(큰 양파 약 2개분)

화이트 발사믹 비니거 1큰술

설탕 1작은술

가볍게 푼 달걀(특란) 3개

생크림 1/2컵

강판에 간 파르메산 치즈 1컵, 나누어 사용

소금 1/2작은술

다진 타임 3줄기분

파이 크러스트 만들기:

1. 밀가루, 설탕, 소금을 푸드 프로세서 볼에 넣고 2~3회 정도 펄스 기능을 사용하여 혼합한다.
2. 버터를 넣고 몇 번의 펄스 기능으로 혼합한다.
3. 물을 한 번에 1큰술씩 넣고 반죽이 만들어질 때까지 조심스럽게 펄스 기능으로 혼합한다.
4. 반죽을 납작한 원반 모양으로 만들어 비닐로 덮고 30분~1시간 동안 냉장고에 둔다.
5. 오븐을 190°C로 예열한다.
6. 밀가루를 뿌린 작업대 표면에 반죽을 올려 0.6cm 두께가 될 때까지 민다.
7. 반죽을 파이 틀에 올리고 가장자리를 다듬은 후 손가락으로 주름을 잡는다.
8. 크러스트 반죽 위에 유산지를 깔고 그 위에 누름돌을 올린다. 누름돌이 없는 경우 채소 통조림이나 익히지 않은 콩을 사용해도 된다.
9. 파이 크러스트를 18~20분간 또는 황금빛 갈색이 될 때까지 오븐에 굽는다.
10. 유산지와 누름돌을 제거하고 파이 크러스트를 완전히 식힌다.

다음 페이지에서 계속

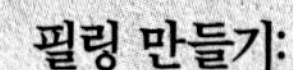

필링 만들기:

11. 크러스트를 굽는 동안 큰 프라이팬에 버터 3큰술을 넣고 양파를 볶는다. 양파가 옅은 갈색이 될 때까지 볶아졌으면 발사믹과 설탕을 넣어 조리를 마무리한 뒤 한쪽에 두고 식힌다.

12. 달걀과 생크림을 거품이 날 때까지 함께 휘핑한다.

13. 파르메산 치즈의 절반을 넣고 소금으로 간을 한 후 한쪽에 둔다.

14. 크러스트에 양파를 골고루 뿌린다.

15. 달걀과 크림 믹스를 크러스트에 붓는다. 다진 타임을 넣고 조심스럽게 섞는다.

16. 177°C에서 20분간 또는 파이가 황금색이 날 때까지 굽는다. 파이가 움직임이 없는지 확인하기 위해 조심스럽게 흔들어 본 후 굳힌다.

17. 남은 파르메산 치즈를 파이 크러스트 위에 뿌린다.

18. 파이를 최소 10분간 식힌 다음 얇게 슬라이스하여 차려 낸다.

하로가스 흑마늘 버섯롤

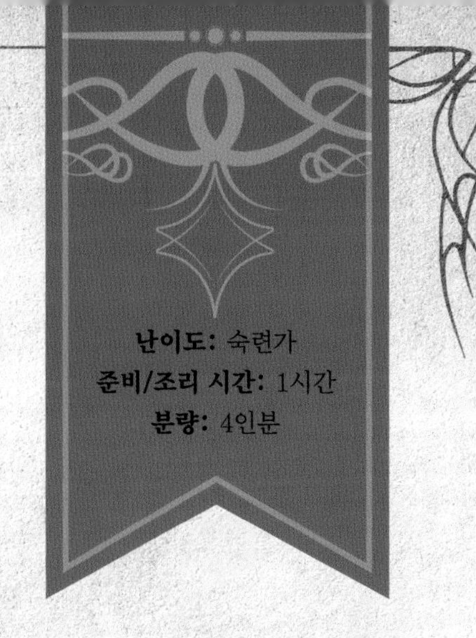

난이도: 숙련가
준비/조리 시간: 1시간
분량: 4인분

주방에서 함께 지내면서 지켜보니 아나라는 자신의 음식에 있어서는 완벽을 추구한다는 점을 알 수 있었다. 아나라는 하로가스라는 야만용사 부족의 도시에서 만들어졌던 이 롤을 준비하면서 자신의 이야기를 털어놓았다. 그녀는 자신의 가게 문을 드나드는 야만용사들의 갈 곳 잃은 얼굴을 수년 동안 보아 왔다. 산이 파괴되면서 그들은 자신들이 가진 문화의 대부분을 잃어버렸지만, 그녀는 음식을 통해 그 문화의 한 측면을 살릴 수 있다는 것을 알았다. 그 책임감 때문에 그녀는 재료를 자르고 다지는 것부터 프라이팬 사용, 캐러멜화, 롤 속을 채우는 데 이르기까지 꼼꼼한 주의를 기울였다. 나는 부엉이 부족의 가장 무례하고 무정한 사람조차도 이 요리를 먹고 미소 짓는 것을 봤다.

올리브유 4작은술, 나누어 사용
잘게 다진 양파 1개분
다지거나 으깬 흑마늘 4쪽분(혹은 구운 마늘 4큰술을 사용)
잘게 다진 버섯 5컵
간장 3큰술
잘게 다진 타임 8줄기
다진 파슬리 1/4컵
캐슈너트 1컵
영양 효모 2~3큰술
퍼프 페이스트리 1장

달걀물
풀어 둔 달걀 2개분
물 2큰술

1. 큰 프라이팬을 약불에 올려 달군 후 올리브유 2작은술을 넣는다.
2. 다진 양파와 다진 마늘을 팬에 넣고 부드러워지고 옅은 갈색이 날 때까지 익힌다.
3. 올리브유 2작은술을 더 넣는다. 그런 다음 다진 버섯을 팬에 넣고 캐러멜화되면서 수분이 날아가도록 약 5~7분간 볶는다.
4. 간장, 타임, 다진 파슬리를 팬에 넣고 국물이 대부분 증발할 때까지 약 4~5분간 중약불에서 졸인다. 불에서 내린다.
5. 푸드 프로세서에 캐슈너트 1컵을 넣고 바스러지는 가루가 될 때까지 펄스 기능으로 분쇄한다.
6. 분쇄한 캐슈너트와 영양 효모 2~3큰술을 버섯 믹스에 넣고 저으며 섞는다.
7. 오븐을 205°C로 예열한다. 가볍게 밀가루를 뿌린 작업대 표면에 퍼프 페이스트리 시트를 펴서 세로로 자른다.
8. 버섯 믹스를 퍼프 페이스트리를 자른 절반의 중앙에서 살짝 벗어나게 숟가락으로 떠서 올린다.
9. 페이스트리의 긴 쪽 가장자리에 달걀물을 살짝 묻힌다. 페이스트리의 긴 쪽을 필링 위로 들어 올려 덮은 다음 접어 넣고 말아서 단단한 롤 모양을 만든다.
10. 롤을 한 입 크기, 즉 약 2.5~4cm 길이로 자르고 솔기가 아래로 향하도록 베이킹 시트에 배열한다.
11. 롤에 달걀물을 더 바른다.
12. 달걀물을 바른 롤을 오븐에 넣고 황금빛이 나는 갈색이 될 때까지 약 12~15분간 굽는다.
13. 파슬리를 뿌려 차려 낸다.

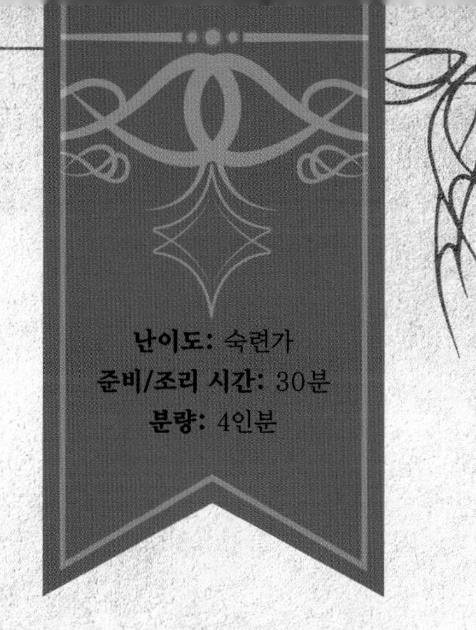

배급식 일시 정지! 채소볶음과 두부

난이도: 숙련가
준비/조리 시간: 30분
분량: 4인분

공포의 땅을 여행해 본 사람이라면 누구나 이곳이 그 이름에 걸맞게 정말로 무서운 땅이라는 것을 알게 된다. (아리앗의 파괴로 인해 사방으로 흩어진) 잔해가 끝없이 펼쳐진 들판을 지나면서 어쩔 수 없이 배급식으로 끼니를 때우다 보면 여행자들은 아주 간단한 것이라 해도 요리 같은 것이 먹고 싶어진다. 다행히도 불타는 혀는 바로 그런 최고의 요리를 제공하는 곳이다. 아나라가 처음 이곳을 찾는 모든 여행자에게 추천하는 요리가 있는데, 영양이 풍부하고 포만감을 주며 무엇보다도 맛있기도 한 이 음식은 문명으로 돌아온 여행자에게 언제나 환영받는다.

- 식물성 기름 4큰술, 나누어 사용
- 다진 마늘 4쪽분
- 강판에 곱게 간 생강 1큰술
- 슬라이스한 빨간 파프리카 큰 것 1개분
- 슬라이스한 양파 큰 것 1개분
- 냉동 완두콩 1/2컵
- 물에서 건져 물기를 닦아낸 후 2.5cm 크기로 깍둑썰기한 단단한 두부 1모분
- 옥수수 전분 4큰술
- 간장 2큰술
- 굴소스 1큰술
- 해선장 1큰술
- 참기름 2작은술
- 현미로 지은 밥 2컵
- 다진 쪽파 2큰술
- 다진 고수 2큰술

1. 커다란 웍이나 프라이팬에 식물성 기름을 1큰술 넣고 중강불에서 가열한다.
2. 마늘과 생강을 넣고 30초간 볶는다.
3. 빨간 파프리카와 양파를 넣고 2분간 볶는다.
4. 냉동 완두콩을 넣고 1분간 더 볶는다.
5. 웍에서 위의 채소 믹스를 덜어낸 후 한쪽에 둔다.
6. 같은 웍에 식물성 기름 3큰술을 넣고 가열한다.
7. 잘라 놓은 두부가 깨지지 않도록 주의하면서 옥수수 녹말을 두부에 묻힌다. 이 두부 조각을 웍에 넣고 4~5분간 또는 모든 면에 갈색이 나면서 바삭해질 때까지 볶는다. 여분의 기름을 걸러 낸다.
8. 채소 믹스를 다시 웍에 넣고 간장, 굴소스, 해선장, 참기름을 넣는다.
9. 잘 섞이도록 뒤섞는다.
10. 현미는 포장지에 적힌 방법대로 익힌다.
11. 채소볶음을 현미밥 위에 올리고 다진 파와 고수를 올려 차려 낸다.

이동 식량으로 완벽한 소시지 패티

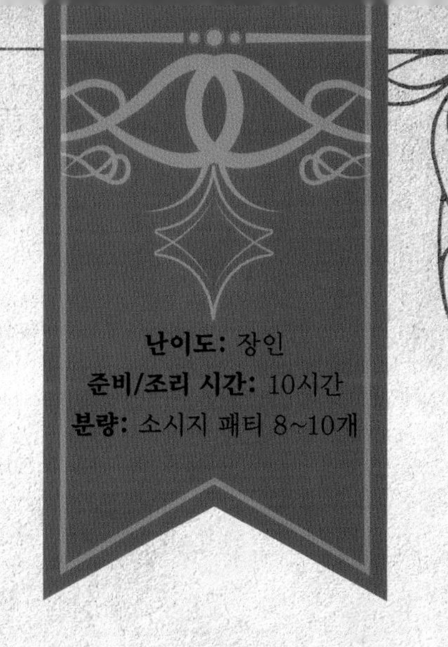

난이도: 장인
준비/조리 시간: 10시간
분량: 소시지 패티 8~10개

스랄브레이크를 떠나려고 했을 때, 눈 쌓인 도로를 따라 얼음으로 뒤덮인 금지된 경계선까지 갔던 나는 이내 그 너머의 불모지에서 위안을 얻는 데 필요한 식량이 부족하다는 사실을 깨달았다. 굶주린 배는 나를 다시 불타는 혀로 인도했고, 나는 아나라에게 이동 중 먹을 식량을 위해 가장 추천할 만한 것을 부탁했다. 몇 분 후, 얼어붙었던 손이 녹으면서 손끝에 감각이 돌아오는 것을 느낀 나는 어느샌가 기가 막히게 양념이 된 양고기 패티로 배를 가득 채우고 있었다.

펜넬시드 가루 1/4작은술
커민 가루 1작은술
계핏가루 1/2작은술
코리앤더 가루 1/2작은술
강황 가루 1/4작은술
다진 마늘 3쪽분
하리사 2큰술
토마토 페이스트 1큰술
양고기 다짐육(또는 기름기가 적은 소고기 다짐육) 450g
베이킹 소다 1큰술
소금 1작은술
올리브유 2큰술

1. 푸드 프로세서 또는 절구를 사용해 펜넬, 커민, 계피, 코리앤더, 강황, 마늘, 하리사, 토마토 페이스트를 섞는다.
2. 중간 크기의 믹싱볼에 1의 향신료 믹스와 다진 양고기를 넣고 잘 섞는다. 이 고기 믹스의 색은 진한 붉은색이어야 한다. 그런 다음 베이킹 소다와 소금을 뿌리고 다시 섞는다.
3. 덮개를 씌우고 냉장고에 최소 8시간(최대 72시간) 동안 보관한다.
4. 소시지 반죽을 꺼내 하나당 약 55g 또는 레몬 크기 정도의 소시지 패티를 8~10개가량 빚는다.
5. 프라이팬을 중강불에 올리고 올리브유를 넣는다.
6. 패티의 내부 온도가 71°C가 될 때까지 한 면당 약 6~8분간 익힌다.

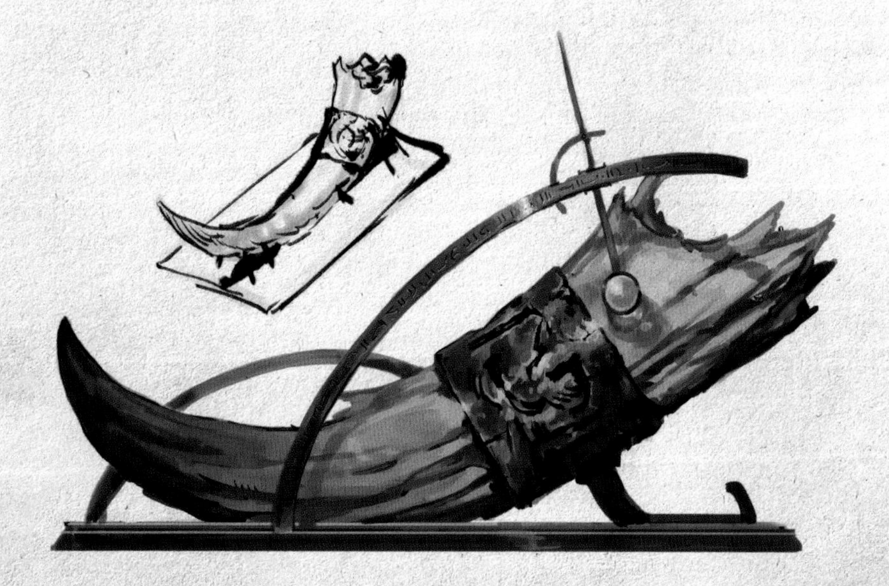

불경스러운 살구 케이크

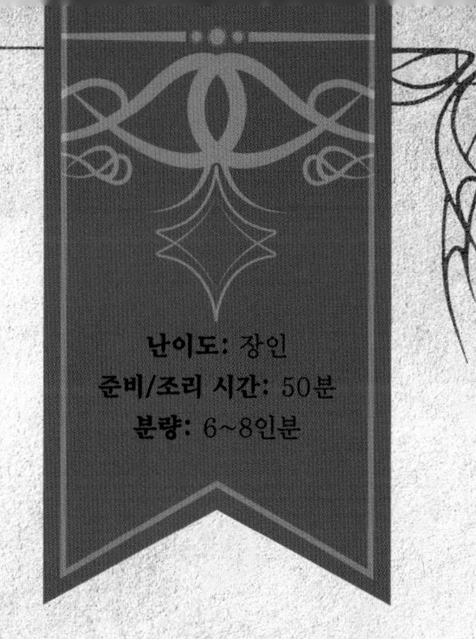

스탈브레이크의 많은 주민은 여전히 자카룸 교회를 탄생시킨 아카라트의 가르침을 따르고 있다. 아나라는 자신이 받은 가장 큰 칭찬은 간신히 들릴 정도의 귓속말이었는데, 그녀의 살구케이크를 마음껏 먹을 수만 있다면 불경스럽다 해도 잠깐 동안은 아카라트를 포기할 수도 있을 거라 언급한 한 지역 후원자의 입에서 나왔다고 말했다. 그리하여 이 케이크에는 딱 맞는 이름이 붙여졌다. 직접 먹어 보고 나니 왜 이 케이크가 펍의 고정 디저트 메뉴가 되었는지 이해가 되었다.

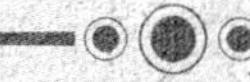

살구 글레이즈

사과 주스 1/3컵

설탕 3큰술

잘게 썬 살구 170g

케이크

실온에 둔 무염 버터 1/2컵과 3큰술, 나누어 사용

원당 1/4컵

설탕 1/2컵

노른자와 흰자를 분리한 달걀 2개

크림 오브 타르타르 1/4작은술

아몬드 엑스트랙 1작은술

레몬 제스트 1작은술

소금 1/4작은술

밀가루 1과 1/2컵

베이킹파우더 2작은술

버터밀크 1컵

반으로 자른 말린 살구 1팩(340g)

아몬드 슬라이스 1/4컵

살구 글레이즈 만들기:

1. 주스와 설탕을 작은 냄비에 넣고 섞는다. 중불에 올려 끓인 후 불을 낮춰 약한 불로 끓인다.
2. 살구를 냄비에 넣고 시럽이 될 때까지 끓인 후 한쪽에 둔다.

케이크 만들기:

3. 바닥이 분리되는 케이크 틀에 실온에 둔 버터 3큰술을 칠하고 원당을 뿌려 둔다.
4. 오븐을 190°C로 예열한다.
5. 달걀흰자에 크림 오브 타르타르를 넣고 단단한 뿔이 생길 때까지 휘핑한다.
6. 믹서를 사용하여 남은 버터와 설탕, 아몬드 엑스트랙, 레몬 제스트, 소금을 같이 섞어 크림화한다.
7. 달걀노른자를 한 번에 하나씩 넣고 잘 혼합될 때까지 계속 섞는다.
8. 체로 쳐서 밀가루와 베이킹파우더를 조금씩 넣는다.
9. 버터밀크를 넣고 반죽이 잘 혼합될 때까지 섞는다.
10. 그런 다음 달걀흰자를 조심스럽게 섞는다.
11. 반으로 자른 살구를 케이크 틀 바닥에 까는데 자른 면이 아래로 향하도록 한다. 아주 살짝 눌러 준다.
12. 케이크 믹스를 틀에 붓고 고르게 펴준다. 틀을 완전히 채우지 말고 2/3 정도만 채우도록 한다.
13. 케이크 중앙에 이쑤시개를 꽂았을 때 별로 묻어나는 게 없을 때까지(아무것도 묻어나지 않는다면 케이크가 너무 많이 구워졌다는 의미) 약 22~25분간 굽는다.
14. 케이크를 틀에서 조심스럽게 꺼내 최소 20분간 식힌다.
15. 케이크 위에 글레이즈 1큰술을 붓고 슬라이스한 아몬드로 장식하여 차려 낸다.

교수형 집행인 선술집

메네스타드, 조각난 봉우리

'교수형 집행인'이라는 이름이 붙은 선술집에 들어가는 게 상상이 되는가? 불길한 이름을 가진 땅, 혹한의 조각난 봉우리에 온 것을 환영한다. 거주하는 것이 거의 불가능한 이 눈 덮인 바위 지역은 굶주린 늑대 무리와 사악한 카즈라가 터를 잡은 곳이자 신성한 진리를 찾는 순례자들이 꾸준히 찾아오는 곳이기도 하다. 솔직히 나는 셰리 크림소스를 곁들인 돼지고기 프라이팬 구이가 주는 깨달음보다 더 신성한 진리는 없다고 생각한다. 이러한 식의 깨달음은 여행 애호가들이 키요바샤드와 빛의 대성당으로 향하기 전 마지막 휴식을 취하는 험준한 메네스타드 마을에서 찾을 수 있다.

메네스타드는 '교수형 집행인 선술집'이 있는 곳으로, 며칠 동안 위험한 암벽과 황량한 폐허를 탐험한 후 영혼의 양식을 얻을 수 있는 색다른 종류의 성스러운 장소다. 기사와 순례자들이 이곳에 모여 술과 도박을 하는가 하면 호화로운 식사를 즐기며 허세를 부리기도 한다. 술집 종업원들이 에일과 여관의 인기 애피타이저 메뉴인 맛있는 소시지와 사과 핸드 파이를 내놓으면 시련은 사라진다. 그런 다음 앞에서 말한 돼지고기구이나 토끼 프리카세를 먹고 베이비 당근과 파스닙을 곁들이면…… 이내 길 위에서는 사라지지 않던 모든 시름이 발에 차이는 조약돌처럼 흩뿌려질 것이다. 적어도 겨울의 거친 환경을 다시 한번 용감하게 헤쳐 나가야 할 순간이 오기까지는. 이어지는 페이지에서는 내가 추천하는 교수형 집행인의 레시피들을 소개하고자 한다.

오쏘의 육포와 방울양배추

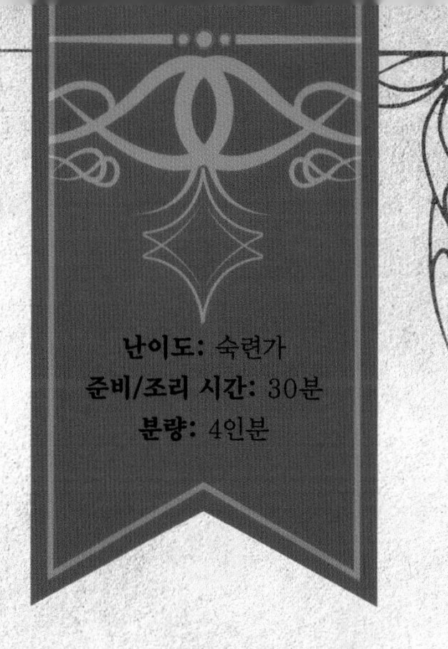

육포는 이 지역에서 매우 인기가 있다. 험준한 고지대 여행을 위한 비상 식품임은 확실하다. 하지만 그렇다고 육포가 질기고 맛이 없어도 되는 것은 아니다. 교수형 집행인의 주방은 바르그에게 잔인하게 습격당한 이동식 카라반의 유일한 생존자이자 허튼수작을 용납하지 않는 오쏘라고 불리는 사람이 운영한다. 그는 이곳에 오기 전에는 동료들을 위해 요리사로 수년을 길 위에서 보냈으며, 일찍이 육포를 먹기 좋은 음식으로 만드는 방법을 발견하기도 했다. 오쏘의 해결책은 이렇다. 육포를 방울양배추와 함께 볶은 후 매운 칠리소스, 꿀, 버터, 소금을 듬뿍 뿌려 먹는 것이다. 이 풍미 가득한 음식은 산을 여행할 때 먹기에 딱 좋다.

식물성 기름 3큰술
세로로 자른 방울양배추 20개분
약 0.3cm 두께로 슬라이스한 소고기 육포 70g
스리라차 소스 3큰술
꿀 2큰술
무염 버터 2큰술
소금 1/2작은술

1. 큰 프라이팬을 중약불에 올리고 팬에 기름을 두른다.
2. 방울양배추의 평평한 면이 아래로 가도록 하여 가능한 한 많은 방울양배추를 조심스럽게 팬에 놓는다.
3. 방울양배추 한 면을 진한 색이 나도록 천천히 익히는데, 한 번에 약 10분 정도 소요된다.
4. 방울양배추가 부드럽게 익으면 불에서 내려 큰 믹싱볼에 담는다.
5. 팬의 불을 약하게 줄이고 육포를 넣는다. 살짝 부드러워질 때까지 약 2분간 익힌다. 불을 끄고 육포를 방울양배추와 함께 그릇에 넣는다. 스리라차, 꿀, 버터, 소금을 넣는다.
6. 방울양배추가 골고루 버무려질 때까지 섞은 후 차려 낸다.

이스크렌의 육포 디핑소스

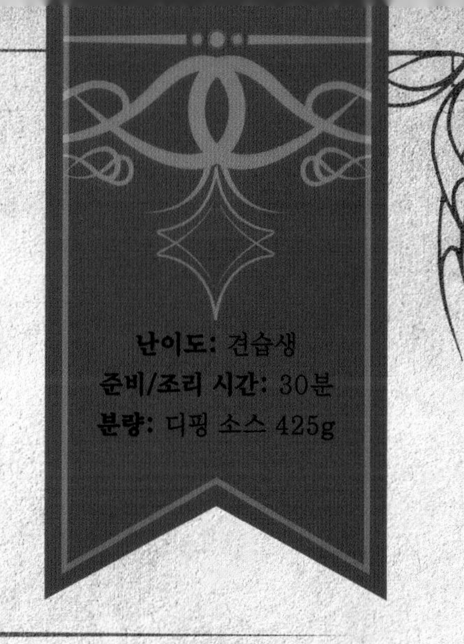

난이도: 견습생
준비/조리 시간: 30분
분량: 디핑 소스 425g

내가 전에 알던 교수형 집행인의 주인인 이스크렌은 진취적인 사람이었다. 그는 오쏘의 육포에서 기회를 발견하고 이를 좀 더 진화시켜 바에 앉아 에일을 주문하는 손님들을 붙잡아 둘 수 있는 음식으로 만들어 볼 것을 제안했다. 오쏘는 기본 소고기 육포에 다진 마늘, 레드페퍼 플레이크, 훈제 파프리카를 넣고 크리미한 혼합물을 만들었다. 그 결과 지친 영혼에 활력을 불어넣는 풍미 가득한 디핑소스가 탄생했다. 한 입 먹자마자 놀라움에 눈을 동그랗게 뜨고 이스크렌의 바람대로 시원한 스타우트를 주문하는 손님들을 나도 본 적이 있다.

- 부드러운 크림치즈 225g
- 그릭 요거트 170g
- 올리브유 1큰술
- 매운 소고기 육포 185g
- 다진 마늘 2쪽분
- 다진 샬롯 1개분
- 약 0.3cm 크기로 다진 호두 1/2컵
- 다진 타임 1큰술
- 레드페퍼 플레이크 1큰술
- 갓 으깬 후추 1/2작은술
- 훈제 파프리카 가루 2작은술
- 장식용 타임 2줄기

1. 큰 믹싱볼에 크림치즈와 요거트를 넣는다. 핸드 믹서나 거품기를 사용해 크림처럼 될 때까지 휘핑한 후 한쪽에 둔다.
2. 중간 크기의 프라이팬을 중불에 올린다.
3. 팬에 기름을 두른 후 육포, 마늘, 샬롯, 호두를 순서대로 넣는다.
4. 마늘과 샬롯이 향이 날 때까지 약 2분간 계속 저어가며 볶은 후 불에서 내린다.
5. 팬이 여전히 따뜻할 때 다진 타임과 레드페퍼 플레이크를 넣고 섞은 다음 크림치즈 믹스에 넣는다.
6. 모든 재료가 잘 혼합될 때까지 섞은 후 긁어서 그릇에 담는다.
7. 장식을 위해 갓 으깬 후추를 넣고 파프리카 가루를 뿌린 다음 타임 줄기를 십자 모양으로 위에 올린다.

십일조 징수 수도사에게 바치는 소시지와 사과 핸드 파이

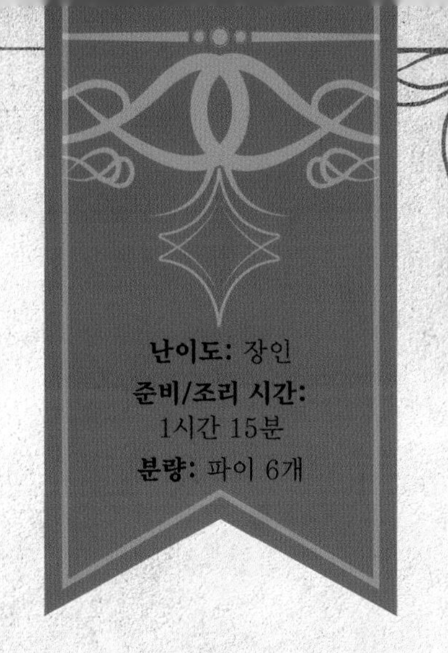

난이도: 장인
준비/조리 시간: 1시간 15분
분량: 파이 6개

어느 날 밤, 내가 까칠한 현지인들과 카드놀이를 하고 있었을 때 잿빛 얼굴의 수도사 한 명이 바에 있는 이스크렌에게 다가왔다. 당시에는 몰랐지만 이 방문은 일종의 수금이었다. 이 수도사는 키요바샤드에 있는 빛의 대성당에서 십일조 징수원으로 일하는 순회 수도사였다. 나는 오쏘가 직접 주방에서 나오는 것을 보고 깜짝 놀랐다. 그는 완벽한 핸드 파이 두 개가 담긴 접시를 수도사 앞에 놓았고, 수도사는 게걸스럽게 파이를 먹었다. 파이에 에일을 뿌린 후 성인은 손을 흔들며 '빛의 길을 걷길 바란다'는 일종의 축복을 빌고 자리를 떠났다.

케이싱을 벗긴 이탈리아 소시지 450g
다진 양파 1/4컵
껍질을 벗겨 깍둑썰기한 중간 크기의 그래니 스미스 사과 1개분
다진 마늘 1쪽분
말린 타임 1작은술
소금 1작은술
후추 1작은술
셰리 크림 2큰술
냉동 퍼프 페이스트리 1팩(400g)

달걀물

풀어 둔 달걀 1개분
물 1큰술

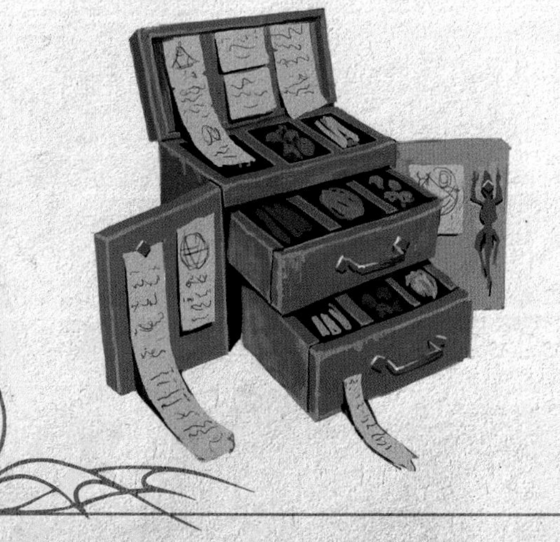

1. 오븐은 205°C로 예열하고 베이킹 시트에 유산지를 깐다.
2. 큰 프라이팬을 중불에 올리고 소시지를 주걱으로 잘게 부수어 갈색이 나면서 완전히 익을 때까지 약 8~10분간 굽는다. 여분의 기름은 모두 따라 낸다.
3. 소시지를 굽던 팬에 양파, 사과, 마늘, 타임, 소금, 후추를 넣는다. 양파가 부드러워지고 반투명해질 때까지 약 5분간 익힌다.
4. 셰리를 넣고 2분간 조리한 뒤 한쪽에 따로 두고 식힌다.
5. 밀가루를 살짝 뿌린 작업대 위에 퍼프 페이스트리 중 하나를 올려 0.3cm 두께로 민다. 반죽을 10cm 지름의 원으로 여러 개 잘라 낸다. 나머지 페이스트리로도 같은 과정을 반복한다.
6. 소시지 믹스 2큰술을 각 원의 절반에 숟가락으로 떠서 올리되 가장자리에는 1.3cm 정도의 테두리를 남긴다.
7. 달걀과 물을 섞어 준다. 달걀물을 반죽 가장자리에 바르고 반죽의 나머지 절반으로 필링 위를 덮고 가장자리를 함께 눌러 봉한다. 포크를 사용하여 가장자리에 주름을 잡는다. 꼬집거나 접어서 뒤집는 방법을 사용해도 된다.
8. 남은 달걀물을 각 핸드 파이의 윗면에 바른다. 수증기가 빠져나갈 수 있도록 각 핸드 파이의 윗부분에 칼집을 두 개 낸다.
9. 핸드 파이를 15~20분간 또는 노릇노릇해질 때까지 굽는다. 또는 177°C의 에어프라이어에서 한 면당 4분간 구워도 된다.

순례자의 버섯 당근 수프

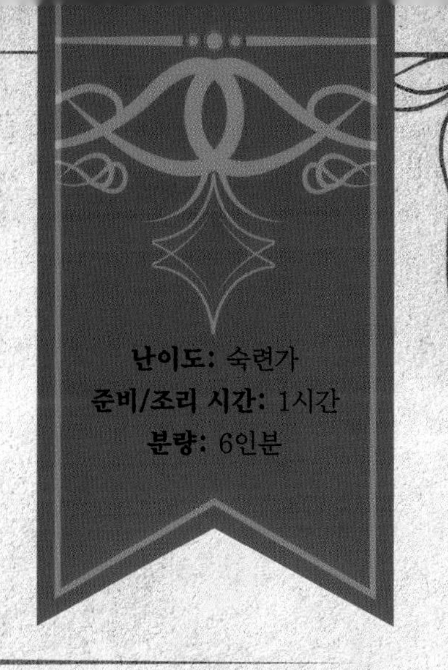

난이도: 숙련가
준비/조리 시간: 1시간
분량: 6인분

오쓰는 종종 여행하는 순례자들이 정성껏 만든 음식을 음미할 겨를도 없이 먹어 치우는 것에 대해 큰 소리로 한탄하곤 했다. 구불구불한 산길을 헤치고 간신히 혹한의 고비를 넘긴 경험이 있는 나는 긴 여정에서 따뜻한 식사가 얼마나 반가운지 이해가 된다. 이 불쌍한 친구들은 빛의 대성당에 가까워지니 사지에 생기가 돌았다고 주장했지만, 믿음이 없는 나로서는 오쓰의 수프가 그들이 경험한 기적이라고 말하고 싶다. 그 불쌍한 영혼들은 단지 음식 맛에 익숙하지 않았을 뿐이다.

얇게 슬라이스한 버섯 900g

껍질을 벗겨 둥글게 슬라이스한 중간 크기 당근 6개분

1.3cm 크기로 깍둑썰기한 감자 2개분

1.3cm 크기로 깍둑썰기한 큰 양파 1개분

다진 마늘 4쪽분

올리브유 4큰술

밀가루 2큰술

말린 타임 2작은술

말린 로즈메리 1작은술

소금 1큰술

후추 1/2작은술

채소 육수 2컵

생크림(아몬드나 코코넛 크림으로도 대체 가능) 1/2컵

1. 오븐을 205°C로 예열한다.
2. 큰 믹싱볼에 버섯, 당근, 감자, 양파, 마늘, 올리브유를 넣고 섞는다. 오일이 채소에 잘 묻을 때까지 섞는다. 소금과 후추로 간을 한다.
3. 2의 믹스를 베이킹 시트에 한 겹으로 펴서 25~30분간 또는 채소가 부드러워지고 살짝 갈색이 날 때까지 굽는다. 팬에서 나온 기름과 즙은 남겨 둔다.
4. 큰 냄비를 중불에 올려 밀가루를 넣고 연한 갈색이 될 때까지 계속 젓는다. 타는 부분이 보이면 불을 줄인다.
5. 구운 채소와 즙을 4의 밀가루에 넣고 밀가루가 채소에 골고루 묻으면서 모두 사라질 때까지 저어서 루roux를 만든다.
6. 타임, 로즈메리, 소금, 후추, 채소 육수를 추가한다. 한번 끓인 다음 믹스가 걸쭉해지기 시작할 때까지 바닥을 긁어 가면서 젓는다.
7. 불을 줄이고 15~20분간 뭉근하게 끓인다. 간이 맞는지 확인한다.
8. 걸쭉해지면 생크림을 넣은 후 따뜻해질 때까지 10분간 더 끓인 후 차려 낸다.

참회의 기사단 돼지고기구이

흠……. 사실 이 레시피는 내가 특히 좋아하는 것이라고 고백을 해야 할 것 같다. 이 요리는 고급 재료를 사용하기에 오쏘는 가끔가다, 또 좋아하는 고객들에게만 내놓았다. 이 요리의 이름은 빛의 대성당의 이익을 위해 복무하는 참회의 기사단에서 유래했다. 이 기사들은 자신들의 죄를 참회하기 위해 활동하지만, 오쏘는 그들의 단호한 방식에 정이 가지 않았다. 그래서 기사들이 못 먹게 하려고 죄스러울 정도의 맛있는 요리를 만들기 위해 자신의 기술을 구사했다. 그 결과 이 부드러운 돼지고기구이가 탄생했다. 기름진 음식을 즐기는 것이 죄가 된다면 나는 용서를 받고 싶은 마음이 없음을 인정한다.

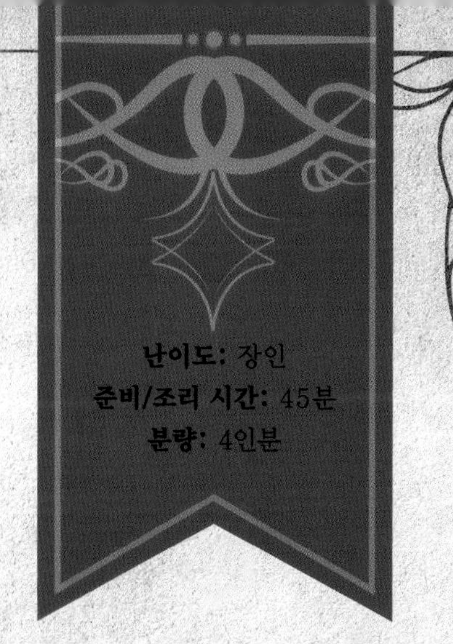

난이도: 장인
준비/조리 시간: 45분
분량: 4인분

빼를 제거한 두툼한 돼지고기 슬라이스 4장(1장당 170g)
소금 적당량
후추 적당량
밀가루(중력분) 1/2컵
올리브유 2큰술
다진 샬롯 1개분
다진 마늘 3쪽분
드라이한 셰리 와인 1/2컵
닭 육수 1과 1/2컵
생크림 1/2컵
무염 버터 2큰술

1. 돼지고기의 양면에 소금과 후추로 간을 한다. 각각의 돼지고기 슬라이스에 밀가루를 묻힌 후 여분은 털어 낸다.
2. 큰 프라이팬을 중불에 올리고 올리브유를 두른다. 돼지고기를 넣고 양면이 황금빛 갈색이 날 때까지 한 면당 약 2~3분간 굽는다.
3. 프라이팬에서 돼지고기를 꺼내 한쪽에 둔다.
4. 같은 프라이팬에 다진 샬롯과 마늘을 넣고 향이 날 때까지 약 1분간 익힌다.
5. 셰리를 프라이팬에 넣고 절반으로 줄어들 때까지 계속 저어 주며 약 3분간 가열한다.
6. 닭 육수와 생크림을 프라이팬에 넣고 잘 섞이도록 젓는다. 이 믹스를 약 2분간 끓인다.
7. 돼지고기를 다시 프라이팬에 넣고 그 위에 소스를 숟가락으로 떠서 올린다. 소스가 살짝 걸쭉해질 때까지 약 5분간 익힌다.
8. 프라이팬에서 돼지고기를 꺼내 따뜻하게 유지한다. 같은 프라이팬에 무염 버터를 넣고 녹아서 잘 섞일 때까지 젓는다.
9. 돼지고기를 셰리 크림소스와 함께 차려 낸다.

바르그의 끈적끈적한 닭 날개 공물

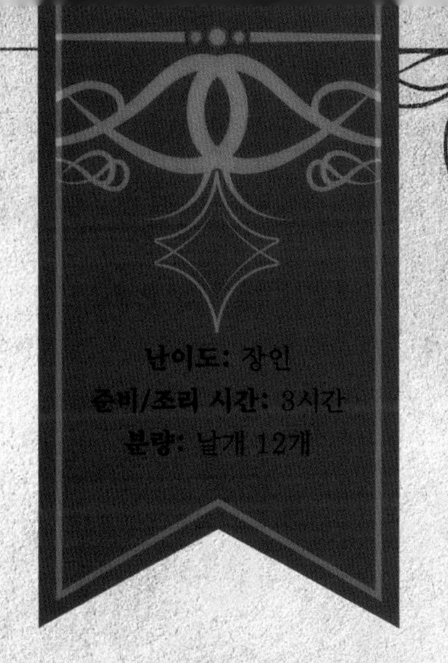

교수형 집행인에 들어섰던 어느 날 밤, 그리 멀지 않은 성문 밖에서 울부짖는 바르그 무리의 소리가 들렸다. "걱정하지 말게. 비밀 무기가 있으니까." 오쏘는 이렇게 말하며 나를 안심시켰다. 주방에서 재료를 꼼꼼하게 챙기면서 나는 그가 접시에 가득 쌓아 올릴 정도로 잔뜩 끈적끈적한 훈제 닭 날개 요리를 만드는 모습을 경외심에 찬 눈으로 지켜보았다. 그의 설명에 따르면 이 요리는 그의 카라반이 맹수들의 습격을 받던 밤에 만들었던 요리라고 했다. 야수들은 맛있는 냄새에 정신이 팔려 요리사를 완전히 잊어버렸던 것이다.

닭 날개 1.4kg

마리네이드

참기름 1/2작은술

레몬즙 2큰술

중국 조리용 술 2큰술(맛술이나 드라이한 셰리 와인으로 대체 가능)

일반 간장 2큰술

황설탕 또는 꿀 3큰술

해선장 2큰술

굴소스 1큰술

칠리 마늘 소스 또는 삼발 올렉 1큰술(원하는 맵기에 따라 조절)

다진 마늘 4쪽분

강판에 곱게 간 생강 1큰술

중국 오향분 1/2작은술

글레이징소스

옥수수 전분 2작은술

물 2작은술

남겨 둔 마리네이드 1/4컵

다진 고수 1/4컵

1. 마리네이드의 모든 재료를 믹싱볼에 넣고 잘 섞는다. 마리네이드 1/4컵을 남겨 둔다.
2. 닭 날개를 큰 믹싱볼에 넣고 마리네이드를 부어 준다.
3. 닭 날개에 마리네이드가 잘 묻도록 버무린다.
4. 닭 날개에 덮개를 씌워 최소 2시간 또는 최상의 결과를 위해서는 하룻밤 동안 냉장고에 둔다.
5. 오븐 또는 그릴을 205°C로 예열한다.
6. 닭 날개가 완전히 그리고 바삭하게 구워질 때까지 로스팅 팬에서 굽는다. 심부 온도가 74°C가 될 때까지 약 20~25분간 구우면 된다. 또는 그릴로 8~10분간 구워도 된다.
7. 날개가 익는 동안 남겨둔 마리네이드를 작은 냄비에 넣고 끓인다.
8. 작은 컵에 옥수수 전분과 물을 섞어 전분물을 만든다. 전분물을 끓는 마리네이드에 넣고 걸쭉해질 때까지 젓는다. 고수를 넣고 섞는다.
9. 크고 평평한 접시에 날개를 올리고 그 위에 소스를 뿌려서 차려 낸다.

눈 녹은 리코타 팬케이크

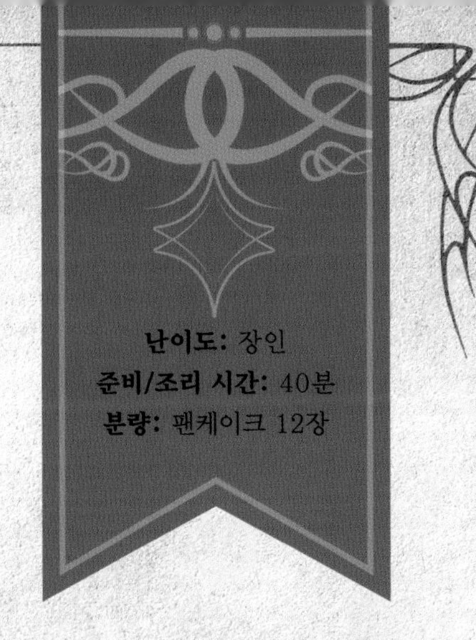

난이도: 장인
준비/조리 시간: 40분
분량: 팬케이크 12장

나는 오쏘에게 왜 맑은 하늘과 탁 트인 바다에서 멀리 떨어진 이 험준하고도 춥고 거친 산속에 머물기로 결심했는지 물어본 적이 있었다. 그는 키요바샤드에 위치한 빛의 대성당 때문에 말 그대로든 비유적으로든 이보다 더 안정적으로 비즈니스를 해 본 적이 없다고 말했다(그는 좌우로 심하게 흔들리지 않는 길 위의 주방에서 일할 수 있어서 좋았다고 말하기도 했다). 그는 또한 높은 고도가 제빵에 기여하는 효과도 마음에 들어 했다. "이곳에서는 내가 제일 좋아하는 디저트인 리코타 팬케이크를 만들기가 더 용이하지. 게다가 콩포트를 만들 야생 베리를 언제나 찾을 수 있기도 하고."

팬케이크

밀가루(중력분) 1과 1/2컵
설탕 3큰술
베이킹파우더 2작은술
베이킹 소다 1/4작은술
소금 1/4작은술
리코타 치즈 1컵
우유 3/4컵
달걀(특란) 2개
녹인 무염 버터 2큰술
바닐라 엑스트랙 1작은술
중간 크기 레몬의 제스트 1개분

콩포트

신선한 블루베리 2컵
갓 짠 레몬즙 1/4컵
설탕 1/4컵
소금 한 꼬집
옥수수 전분 1큰술
물 1큰술

팬케이크 만들기:

1. 큰 믹싱볼에 밀가루, 설탕, 베이킹파우더, 베이킹 소다, 소금을 넣고 섞는다.
2. 별도의 믹싱볼에 리코타 치즈, 우유, 달걀, 녹인 버터, 바닐라 엑스트랙, 레몬 제스트를 넣고 매끈해질 때까지 젓는다.
3. 젖은 믹스를 마른 믹스에 붓고 잘 혼합될 때까지 젓는다.
4. 큰 코팅 프라이팬을 중불에 올리고 오일 스프레이를 뿌리거나 버터를 바른다.
5. 계량컵을 사용하여 반죽을 프라이팬에 붓고 약간 넓게 펴서 10cm 지름의 둥근 팬케이크 모양을 만든다.
6. 팬케이크 표면에 기포가 생기고 가장자리가 건조해 보이기 시작할 때까지 약 2~3분간 굽는다.
7. 팬케이크를 뒤집어 바닥이 황금빛 갈색이 날 때까지 약 1~2분 더 굽는다.
8. 남은 반죽으로도 같은 과정을 반복한다. 완성되면 콩포트와 함께 차려 낸다.

콩포트 만들기:

9. 중간 크기의 냄비에 블루베리, 레몬즙, 설탕, 소금을 넣고 섞는다.
10. 블루베리가 터지면서 즙이 나올 때까지 약 5분간 중불에서 가열한다.
11. 작은 믹싱볼에 옥수수 전분과 물을 넣고 매끈해질 때까지 젓는다.
12. 옥수수 전분 믹스를 블루베리 믹스에 넣고 소스가 걸쭉해질 때까지 약 2~3분간 가열한다.

검은 갈매기 선술집

마로웬, 스코스글렌

예전에 한 방랑자가 스코스글렌 해안을 일컬어 흉포한 악몽이라고 말하는 것을 들은 적이 있다. 물론 그녀의 말이 틀린 건 아니었다. 혹독한 얼어붙은 바다로부터 온 큰 파도가 해초, 켈프, 불안하게 만드는 썩어가는 시체들과 함께 북부 해변을 마구 덮쳤기 때문이다. 하지만 이것이 최악의 상황은 절대 아니다. 드루이드의 조상이 살던 곳 역시 익사 및 실종으로 인한 소름 끼치는 재앙을 겪고 있다. 마을 사람들이 실종되면 종소리만 울린다고 한다.

그러나 이 땅은 자연과 바다에 그대로 묶여 있는 것처럼 푸르고 아름답다. 이 길들여지지 않은 해안선이 내려다보이는 어부들의 항구인 마로웬은 스코스글렌의 거친 내륙지역에서 바다로 이어지는 관문이다. 여행객들은 마로웬에 있는 '검은 갈매기 선술집'의 따뜻한 불빛 아래서 현지 어부들과 자리를 함께할 수 있다. 이 투박한 여관에서는 홍합찜, 육즙이 풍부한 훈제 해덕대구와 쌀 요리, 황금빛 갈색 연어케이크 등 바다에서 영감을 받은 놀랍도록 세련된 특선 메뉴를 맛볼 수 있다. 졸인 서양배 한 그릇으로 식사를 마무리하고 숙면을 취하면 스코스글렌의 거칠고 혹독한 폭풍우도 이겨낼 준비가 된 것 같은 기분을 느낄 수 있다. 다행히도 독자들은 검은 갈매기 선술집의 문 앞까지 가야 하는 위험을 감수하지 않고도 다음의 레시피들을 즐길 수 있을 것이다.

곰인간 연어케이크와 투르 둘라 빵

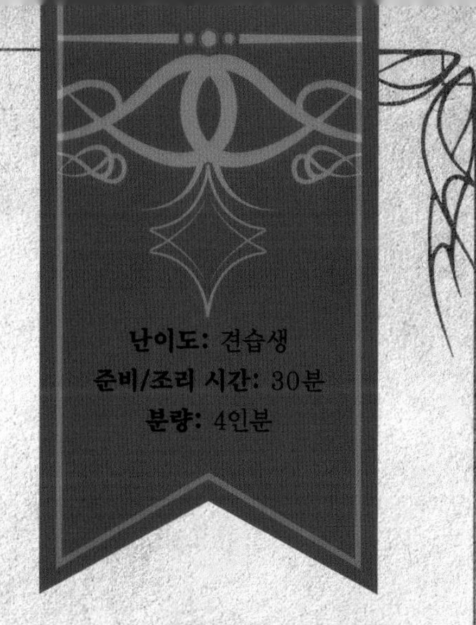

난이도: 견습생
준비/조리 시간: 30분
분량: 4인분

여행을 많이 한 늙은이인 나는 이야기에 쉽게 현혹되는 사람이 아니다. 하지만 말은 이렇게 해도 나도 깊은 삼림지에서 이곳에 갓 도착한 순진한 손님들로부터 같은 이야기를 반복해서 들은 적이 있다. 원초적 분노에 굴복하면 끔찍한 짐승이 되는 사람들, 드루이드에 대한 이야기를 들은 것이다. 늑대인간 이야기는 많이 들어 봤지만(이 이야기들도 그다지 신빙성 있게 듣지는 않았다), 곰으로 변신하는 사람이라니? 나에게는 완전히 생소한 일이었다. 그러나 늑대든 곰이든 스코스글렌을 돌아다니는 평범한 드루이드든, 모두가 이 고급스러운 연어케이크를 먹을 것 같다. 이걸로도 충분하지 않다면 검은 갈매기 선술집의 완벽하게 구워낸 따뜻한 마늘빵을 한 입 베어 무는 것보다 마로웬의 눅눅한 날을 견딜 수 있는 만족스러운 것은 거의 없을 듯하다.

연어케이크

껍질을 제거하고 익혀서 잘게 뜯은 연어 450g
곱게 다진 샬롯 1/4컵
곱게 다진 차이브 2큰술
사워크림 2큰술
가볍게 푼 달걀 1개
빵가루 1/4컵
소금 적당량
후추 적당량
올리브유 1큰술

투르 둘라 빵

0.6cm 두께로 슬라이스한 바게트 1덩이
녹인 무염 버터 4큰술
올리브유 2큰술
갓 짠 레몬즙 2큰술
설탕 2큰술
레몬 제스트 1작은술
후추 1/4작은술
카옌페퍼 1/4작은술

연어케이크 만들기:

1. 믹싱볼에 연어, 샬롯, 차이브, 사워크림, 달걀, 빵가루, 소금, 후추를 넣고 잘 혼합될 때까지 섞는다. 믹스가 너무 눅눅하면 빵가루를 더 추가한다.
2. 1의 믹스를 똑같은 크기로 8등분하여 패티 모양으로 만든다.
3. 코팅 프라이팬에 올리브유를 두르고 중불에서 가열한다.
4. 패티의 한 면을 2~3분간 또는 황금빛 갈색이 될 때까지 굽는다.
5. 종이 타월을 깐 접시에 올리고 차려 낸다.

포장된 연어 또는 통조림 연어를 사용해도 된다.

투르 둘라 빵 만들기:

6. 오븐을 205°C로 예열한다.
7. 베이킹 시트에 바게트 슬라이스를 배열한다.
8. 슬라이스의 양면에 녹인 버터를 바른다.
9. 바삭하고 황금빛 갈색이 날 때까지 약 10~12분간 굽는다.
10. 작은 믹싱볼에 올리브유, 레몬즙, 설탕, 레몬 제스트, 후추, 카옌페퍼를 넣고 젓는다.
11. 구운 바게트가 아직 따뜻할 때 슬라이스 양면에 10의 믹스를 바른다.
12. 소금을 뿌려 간을 맞추고 바로 차려 낸다.

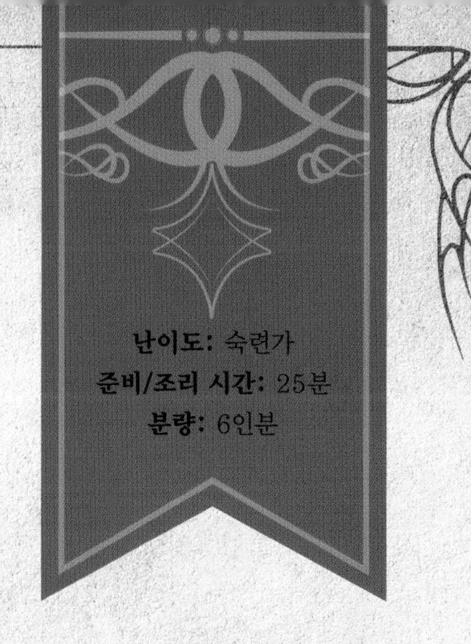

얼어붙은 바다 홍합찜

난이도: 숙련가
준비/조리 시간: 25분
분량: 6인분

스코스글렌의 일부 사람들은 드루이드나 땅을 지키는 그들의 능력에 큰 신뢰를 보내지만, 해안을 배회하는 끔찍한 악마의 존재에 대해 수군거리는 이들도 있다. 악마의 존재는 종소리와 소금물 냄새로 시작되며 달이 뜨지 않는 날이면 하룻밤 사이에 마을 전체를 사라지게 만들 수 있다. 이 사람들이 어디로 가는지는 아무도 확실하게 말할 수 없다. 이 미스터리 때문에 내가 검은 갈매기 선술집에 머무는 시간은 길지 않았지만, 마로웬 주변의 진귀한 조개들이 나를 조금 더 오래 머물게 하기도 했다. 홍합을 다룰 때는 반드시 입을 꼭 닫고 있고 신선하고 짭짤한 바다 냄새가 나는 홍합부터 선택해야 한다. 요리하기 전에 홍합 껍데기가 열려 있으면 살짝 두드려서 30초 이내에 닫히면 아직 살아 있고 사용할 수 있는 것이라 보면 된다. 닫히지 않는 홍합은 버리고, 조리 중에 입을 벌리지 않는 홍합도 바로 버리도록 한다. 이러한 조개는 처음부터 죽어 있었을 가능성이 높으므로 먹기에 부적합하다.

다진 베이컨 4장
곱게 다진 큼직한 샬롯(약 1/2컵)
다진 마늘 4쪽분
셰리 크림 1/2컵
생크림 1컵
다진 파슬리 2큰술
다진 타임 2큰술
소금 1큰술
후추 1작은술
문질러 씻고 족사를 제거한
신선한 홍합 900g

1. 커다란 냄비를 중불에 올려 베이컨을 넣고 바삭해질 때까지 익힌다.
2. 구멍이 뚫린 순가락으로 건져낸 뒤 한쪽에 둔다.
3. 샬롯과 마늘을 냄비에 넣고 부드러워질 때까지 약 3분간 익힌다.
4. 셰리를 붓고 반으로 졸아들 때까지 약 5분간 끓인다.
5. 생크림, 파슬리, 타임, 소금, 후추를 넣고 섞은 후 끓인다.
6. 홍합을 냄비에 넣고 뚜껑을 덮은 후 홍합이 입을 벌릴 때까지 약 5~7분간 찐다.
7. 입을 벌리지 않은 홍합은 먹기에 안전하지 않으므로 버린다.
8. 셰리 크림소스를 살짝 걸쭉해질 때까지 졸인다.
9. 홍합을 그릇에 담고 셰리 크림소스를 얹은 후 바삭한 베이컨을 뿌려 차려 낸다.

타비쉬의 케저리

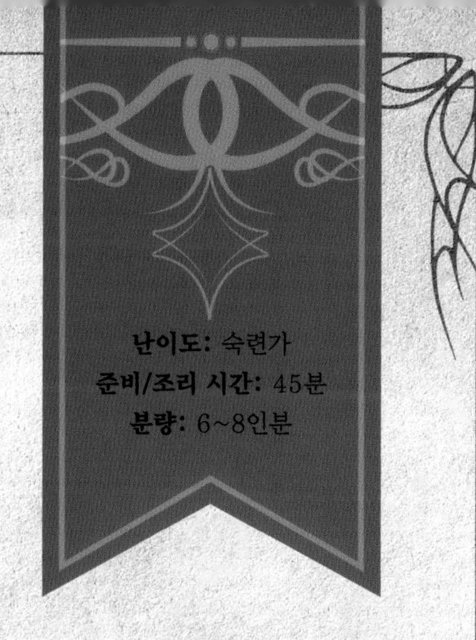

난이도: 숙련가
준비/조리 시간: 45분
분량: 6~8인분

이 레시피는 전통의 가치를 증명하는 증거다. 스코스글렌 사람들은 수 세기 동안, 어쩌면 그보다 더 오래전부터 케저리를 먹어 왔다. 마로웬의 어부들은 케저리를 잘 알고 있으며 많은 사람이 자신의 집에서도 케저리를 만든다. 요리사 타비쉬는 기본을 유지하면서도 생선, 쌀, 다진 달걀로 만든 전통적인 케저리 요리를 자신만의 독특한 별미로 재탄생시킨 버전을 선보인다. 먼저 훈제된 해덕대구를 데쳐서 생선의 구수하고 진한 풍미를 살린다. 그런 다음 볶은 양파와 마늘, 커리를 넣어 쌀에 은은한 산미를 더한다. 마지막으로 여러 가지 향신료가 향긋하게 혼합된 가람 마살라가 이 모든 노력에 환상적인 느낌을 더한다.

- 바스마티쌀 1컵
- 소금 1/4컵
- 훈제 해덕대구 필레 450g
- 달걀 2개
- 올리브유 2큰술
- 곱게 다진 작은 양파 1개분
- 곱게 다진 마늘 1큰술
- 커리 가루 1작은술
- 가람 마살라 1작은술
- 무염 버터 2큰술
- 다진 파슬리 2큰술

1. 쌀을 물로 깨끗이 씻는다.
2. 포장지 설명서에 적힌 시간에 맞춰 밥을 짓는다.
3. 큰 냄비에 물 2L 정도와 소금을 넣고 중불(70°C)로 설정한 후 훈제 대구 필레를 10분간 데친다.
4. 구멍이 뚫린 숟가락으로 생선을 건져내고 껍질을 벗긴다.
5. 물을 다시 끓여서, 완숙이 될 때까지(약 8분) 달걀을 삶는다.
6. 달걀을 꺼내 껍데기를 까고 4등분한다.
7. 큰 프라이팬을 중불에 올리고 기름을 두른다.
8. 양파와 마늘을 프라이팬에 넣고 부드럽게 익을 때까지 약 1분간 조리한다.
9. 커리 가루와 가람 마살라를 넣고 1분간 저으며 향신료를 볶는다.
10. 익힌 밥을 넣고 완전히 데워질 때까지 조리한다.
11. 잘게 부순 해덕대구와 버터를 넣는다. 잘 혼합될 때까지 섞는다.
12. 팬 위에 4등분한 달걀을 올린다.
13. 다진 파슬리로 장식하여 뜨겁게 차려 낸다.

선조의 사슴고기 미트볼

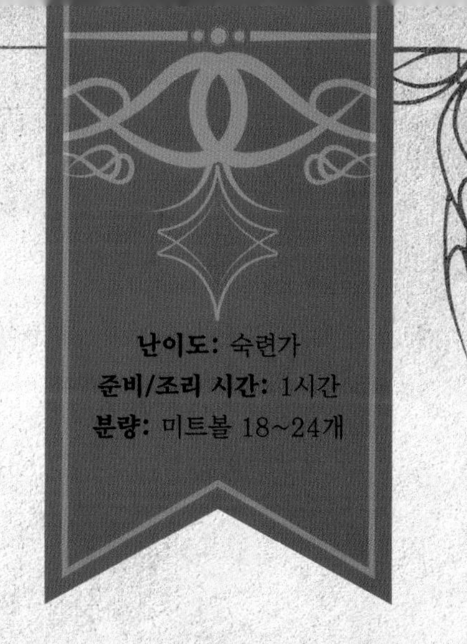

검은 갈매기 선술집에 머무는 동안 나는 드루이드와 야만용사들의 조상에 대한 관계를 알게 되어 깜짝 놀랐던 적이 있다. 야만용사와 드루이드는 한때 야만용사 왕 불카토스 아래 통합된 하나의 종족이었던 것으로 보인다. 불카토스는 무력으로 땅과 종족들을 지키려 했지만, 시간이 흐르면서 드루이드의 선조인 피아클라 게아르(일부 마을 사람들은 그를 바실리라고 부르기도 했다고 들었다)가 이끄는 한 종파는 다른 길을 모색했다. 그는 자신의 추종자들을 스코스글렌으로 데려와 자연 세계와의 관계를 다지고 그러한 조화를 통해 자연을 수호하고자 했다. 이 요리는 특히 야생 동물 사냥이라는 공통의 뿌리를 기념하는 음식이다.

달콤한 토마토 소스

건포도 1/4컵
따뜻한 물 1/2컵
으깬 토마토 통조림 1캔(411g)
구운 잣 1/2컵
소금 1작은술
꿀 1/4컵
대충 다진 파슬리 1/4컵

미트볼

빵가루 1/2컵
사슴고기 다짐육 900g
부순 페타 치즈 1/4컵
라스 엘 하누트 시즈닝 3큰술(모로코를 비롯한 북아프리카에서 주로 사용되는 향신료 믹스로 캐러웨이, 계피, 정향, 너트메그, 카다멈, 펜넬 등을 비롯하여 수많은 향신료가 배합된 것이다._역자 주)
파르메산 치즈 1/3컵
소금 2큰술
달걀(특란) 2개
다진 마늘 3쪽분
잘게 썬 중간 크기의 적양파 2개
식물성 기름 1큰술
올리브유 2큰술

달콤한 토마토 소스 만들기:

1. 작은 그릇에 건포도를 따뜻한 물과 함께 넣고 10분 정도 담가 부드러워질 때까지 불린다.
2. 중간 크기의 냄비에 으깬 토마토를 넣고 중불로 가열한다. 물이 졸아들고 거품이 날 때까지 약 6분간 젓는다.
3. 건포도, 구운 잣, 소금, 꿀을 넣고 섞는다.
4. 이 토마토 믹스를 소스가 걸쭉해질 때까지 약 10~15분간 간간이 저어가며 뭉근히 끓인다.
5. 불을 끄고 파슬리를 넣고 젓는다.

미트볼 만들기:

6. 큰 믹싱볼에 빵가루, 사슴고기, 페타 치즈, 라스 엘 하누트, 파르메산 치즈, 소금, 달걀, 마늘, 적양파를 넣고 잘 혼합될 때까지 섞는다.
7. 오븐을 177°C로 예열한다. 달라붙지 않도록 손을 찬물에 적신다. 미트볼 믹스를 소량씩 나누어 1.3cm 지름의 공 모양으로 굴린다. 2온스짜리 아이스크림 스쿱을 사용해도 된다.
8. 큰 프라이팬을 중강불에 올리고 식물성 기름을 1큰술 넣는다. 기름이 뜨겁게 달궈지면 미트볼을 넣고 사방이 노릇한 갈색이 날 때까지 익히되, 팬이 꽉 차지 않도록 몇 번에 나누어 굽는다.
9. 중간 크기의 베이킹 시트에 올리브유를 바르고 그 위에 갈색이 된 미트볼을 올린다.
10. 미트볼의 심부 온도가 71°C가 되면서 완전히 익을 때까지 약 20~22분간 굽는다.
11. 미트볼을 오븐에서 꺼내 접시에 담는다. 소스를 묻혀 차려 낸다.

투르 둘라의 솔트 앤 페퍼 치킨과 불막이 채소찜

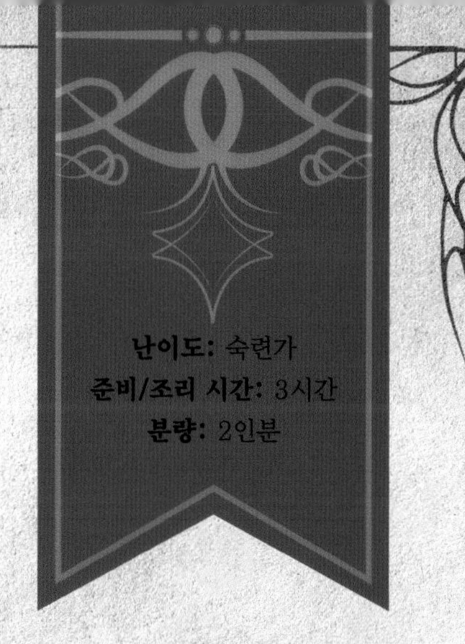

난이도: 숙련가
준비/조리 시간: 3시간
분량: 2인분

드루이드는 숲과 학교(마법을 연마하고 자연과 교감하는 곳)를 선호하는 것 같지만 해안을 따라 마로웬으로 올라오는 경우도 있다. 나는 이곳에 머무는 동안 돈을 좀 더 벌기 위해 타비쉬에게 나의 기술을 빌려주었다. 나의 이 늙은 손은 예전만큼 안정적이진 않아서 덩치 큰 드루이드에게 식사를 내놓다가 접시를 그의 무릎에 떨어뜨릴 뻔한 적도 있었다. 그는 아무 말도 하지 않고 대신 내 손을 잡았다. 놀랍게도 손가락 마디의 붓기와 통증이 사라졌고 약 2주 동안은 거의 내내 손의 미세한 떨림도 없어졌다. 그가 내게 한 게 무엇인지는 모르겠지만 타비쉬는 드루이드의 마법이 작용했을 가능성이 높다고 말했다.

채소찜

콜라드 그린 약 1.8kg
큼직한 양파 1개분, 다져서 사용
닭 육수 6컵
소금 1과 1/2큰술
레몬 후추 1과 1/2큰술
다진 마늘 3큰술
애플 사이다 비네거 3큰술

닭 요리

밀가루(중력분) 1컵
소금 2작은술
후추 2작은술
중국 오향분 1작은술
껍질을 벗긴 뼈 없는
닭 다리 살 정육 또는 가슴살 680g
식물성 기름 2큰술
다진 마늘 4쪽분
강판에 간 생강 2작은술
레드페퍼 플레이크 1/2작은술
슬라이스한 대파 2개분
웨지로 자른 중간 크기의 레몬 1개분

채소찜 만들기:

1. 콜라드는 줄기를 제거한다. 모든 재료를 슬로우 쿠커에 넣고 고온으로 설정한다. 채소가 냄비 입구까지 올라올 정도로 꽉 차지만 서서히 숨이 죽을 것이다.
2. 1시간 동안 센 불로 익힌 후 약불로 설정을 바꾸어 2시간 30분 동안 추가로 익히되 한 시간에 한 번씩 젓는다.
3. 원하는 경우 양념을 추가하고 차려 낸다.

닭 요리 만들기:

4. 큰 믹싱볼에 밀가루, 소금, 후추, 중국식 오향분을 넣고 섞는다.
5. 2.5cm 크기로 자른 닭고기를 넣고 1의 가루가 잘 묻을 때까지 뒤섞는다.
6. 큰 프라이팬에 식물성 기름을 두르고 중강불로 가열한다.
7. 닭고기 조각을 넣고 10~12분간 또는 갈색이 나면서 바삭해질 때까지 익힌다.
8. 마늘, 생강, 레드페퍼 플레이크를 7의 프라이팬에 넣고 30초간 또는 향이 우러날 때까지 가열한다.
9. 파를 넣고 1~2분간 또는 부드럽게 익을 때까지 젓는다.
10. 닭고기는 4분간 식힌 후 레몬 웨지를 곁들여 차려 낸다.

고산지 토끼 프리카세

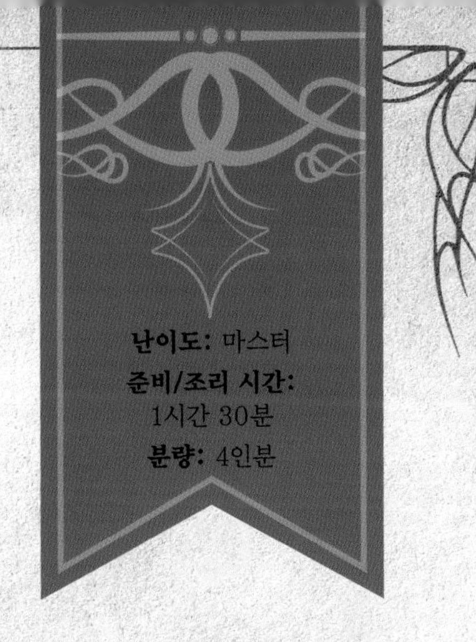

길가에서 발견된 마차의 부서진 잔해, 섬뜩한 포식자에 의해 갈기갈기 찢긴 피투성이의 막사, 애절한 통곡에 싸인 고대의 폐허 등 이 야생의 땅은 직접 횡단해 보면 그 참상을 알 수 있다. 아마도 가장 무서운 일은 작은 농장에서 발생한 사건일 것이다. 성벽 밖에는 보호 장치가 거의 없기 때문에 하룻밤 사이에 밭과 농가가 갈기갈기 찢기고 비통한 공격의 희생양이 되는 일이 드물지 않다. 이는 스코스글렌 황야가 종종 인류가 거대한 사냥꾼의 먹잇감이 되는 험난한 땅이라는 사실을 상기시켜 준다. 그러나 기본적인 토끼 스튜를 화려하게 개선한 이 프리카세는 우리가 아직 먹고 살아가며 사냥을 하는 동안에는 가능한 한 오랫동안 즐길 가치가 있는 요리다.

난이도: 마스터
준비/조리 시간: 1시간 30분
분량: 4인분

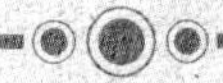

앞다리, 뒷다리, 등심으로 자르고 흉골을 제거한 토끼 고기 900g

소금 적당량

후추 적당량

밀가루(중력분) 1/2컵

달걀(특란) 2개

올리브유 1/4컵

다진 샬롯 1/2컵

다진 마늘 4쪽분

껍질을 벗겨 2.5cm 크기로 자른 파스닙 450g

드라이한 화이트와인 1컵

닭고기 또는 토끼 육수 1컵

부케 가르니(타임, 월계수 잎, 파슬리를 끈으로 묶은 것) 1묶음

생크림 1컵

씻고 다듬은 베이비 당근 450g

무염 버터 2큰술

1. 토끼 고기 조각에 소금과 후추로 간을 한다.
2. 밀가루의 절반을 얕은 접시에 담고 푼 달걀은 또 다른 얕은 접시에 담고, 남은 밀가루는 세 번째 얕은 접시에 담는다.
3. 토끼 고기 조각에 밀가루를 입히고 여분을 털어 낸다. 조각을 하나씩 달걀물에 담갔다가 다시 밀가루를 묻힌다.
4. 바닥이 두꺼운 큰 프라이팬에 올리브유를 두르고 중강불에 올린다. 토끼 고기 조각을 넣고 각 면이 황금빛 갈색이 될 때까지 약 4분간 굽는다. 프라이팬에서 토끼 고기를 건져 한쪽에 둔다.
5. 같은 프라이팬에 샬롯, 마늘, 파스닙을 넣고 향이 날 때까지 약 2분간 볶는다.
6. 와인과 육수를 프라이팬에 넣고 끓인다.
7. 부케 가르니를 넣고 불을 중약불로 줄인 후 15분간 뭉근히 끓인다.
8. 생크림을 넣고 저어준 후 토끼 고기를 다시 프라이팬에 넣고 불을 약불로 줄여 뭉근하게 끓인다.
9. 베이비 당근을 넣고 당근이 부드러워지고 소스가 걸쭉해질 때까지 약 25~30분간 계속 가열한다. 반드시 바닥까지 젓도록 한다.
10. 부케 가르니를 프라이팬에서 꺼낸 뒤 버터를 넣고 젓는다.
11. 토끼 고기의 심부 온도가 71°C가 될 때까지 익힌 후 차려 낸다.

배후지의 서양배 조림

내가 마로웬을, 아니 정확히는 스코스글렌 전 지역을 떠나는 것에 대해 크게 후회했다고는 말하진 않겠다. (이 정착지 주민들이 갑자기 사라지는 방식뿐만 아니라) 해안 마을의 상대적 고립감과 카즈라나 전사자들이 가하는 숱한 위협이 내 취향에 맞지 않게 너무 위험하다고 느껴졌기 때문이다. 비록 단순하다고는 해도 수적으로 많은 가시 쥐마저도 나를 깊은 불안감으로 가득 채웠다. 하지만 머무는 것보다 더 무서운 것은 떠나야 한다는 생각이었다. 비명 소리가 밤의 적막을 깨자 타비쉬는 내게 이 서양배 한 그릇을 건네며 '즐길 수 있을 때 맛있게 먹게, 친구'라고 말했던 기억이 난다.

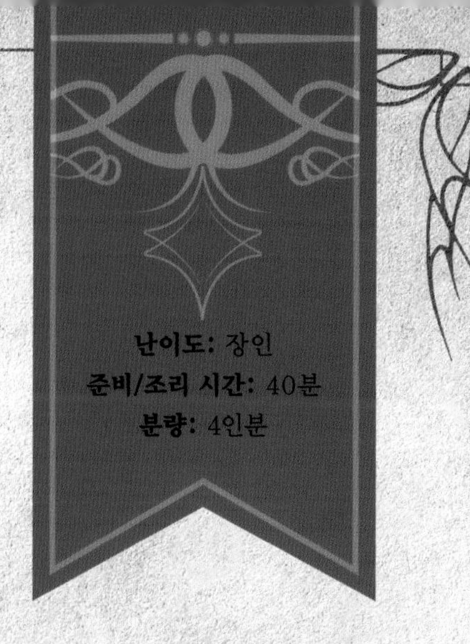

난이도: 장인
준비/조리 시간: 40분
분량: 4인분

물 3컵

설탕 2컵

세로로 길게 가른 바닐라 빈 1개
또는 바닐라 엑스트랙 1큰술

통계피 3개

팔각 2개

껍질을 벗겨 반으로 자르고 심을 제거한
잘 익고 단단한 서양배 4개

중간 크기의 레몬에서 짠 레몬즙 1개분

얇게 슬라이스한 중간 크기의 레몬 1개분

장식용 민트

1. 큰 냄비에 물, 설탕, 바닐라 빈, 통계피, 팔각을 넣고 센 불에 올려 끓인다.
2. 불을 약하게 줄이고 배를 넣는다.
3. 15~20분간 또는 배가 부드러워지되 무르지는 않을 정도로 뭉근히 끓인다.
4. 구멍이 있는 숟가락이나 뜰채로 국물에서 배를 건져내 얕은 접시에 담는다. 집게를 사용하지 않도록 한다.
5. 액체가 시럽 수준으로 졸아들 때까지 약 15~20분간 끓인다. 그런 다음 레몬즙을 넣고 젓는다.
6. 시럽을 배 위에 붓고 실온으로 식힌다.
7. 접시에 덮개를 씌우고 최소 2시간 또는 하룻밤 동안 냉장고에 둔다.
8. 차갑게 해 둔 배를 신선한 레몬 슬라이스와 민트 잎으로 장식해 차려 낸다.

가열로 여관

케드 바르두, 메마른 평원

케지스탄 북쪽으로는 바위 협곡과 염전으로 빼곡한 건조한 초원이 넓게 펼쳐져 있다. 야만부족이 오기 전에도 이미 결핍의 땅이었던 이곳에서 생명은 물보다도 가치가 없다. 주요 이동 경로에는 산적과 용병, 심지어는 다음 먹잇감을 간절히 기다리며 잠복해 있는 식인종들로 포진되어 위험하기까지 하다.

메마른 평원에서 그럭저럭 괜찮은 선술집을 유지할 수 있을 정도로 자리 잡은 유일한 지역은 케드 바르두의 수도다. 한때 단순한 야영지였던 케드 바르두는 야만용사의 소 부족이 거대한 가열로를 세우며 터를 잡고 살아간 후 그 땅에서 스스로 생겨난 것처럼 보인다. 이곳의 가열로 여관으로 알려진 현지의 게스트하우스도 마찬가지로 전설적인 음식을 만들어낸다. 여관 주인인 우돌은 솜씨 좋은 내 어머니 같은 사람들조차 감동할 만한 양고기찜과 조림을 만들어 낸다. 이 장에서는 우돌의 도움을 받아 최선을 다해 재현한 그의 레시피들을 소개하고자 한다.

우돌의 '핸드' 파이

가열로 여관에 처음 온 손님들에게 한 가지 해 줄 수 있는 조언이 있다면 바로 이것이다. 우돌의 짓궂은 장난을 조심하라는 것. 이 여관 주인인 우돌의 얼굴에는 밝은 희망의 빛이 돌 때가 있다…… 바로 자신의 농담으로 충격과 놀라움을 줄 신선한 목표물들을 발견할 때다. 실제로 지난번에 내가 이곳을 방문했을 때 이 지역에서 식인종이 목격되었다는 소식에 괴로워하는 여행자의 이야기를 우돌이 엿듣게 되는 일이 있었다. 그 여인에게 저녁 식사를 가져다주는 이 여관 주인의 눈에는 장난기 어린 반짝임이 보였다. "저희 핸드 파이는 이 지역의 명물입니다. 오늘 아침에 갓 구운 싱싱한 손이지요." 그는 이렇게 말하며 악랄한 미소를 지었다. 여인은 얼굴이 창백해져서는 밖으로 뛰쳐나갔는데, 우돌이 이 음식에는 고기가 전혀 없다는 사실을 알릴 틈도 없을 정도로 빠른 속도였다.

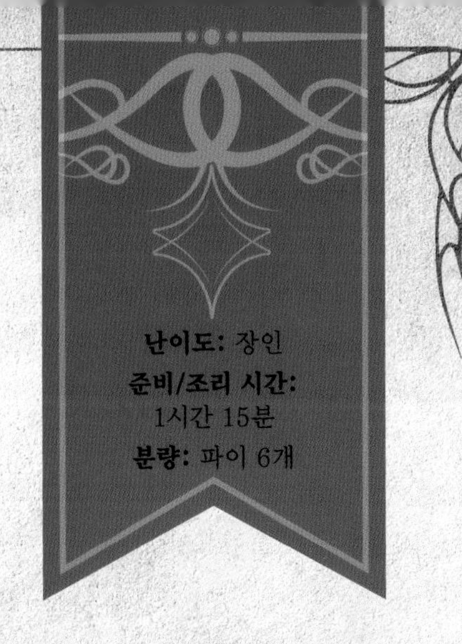

난이도: 장인
준비/조리 시간: 1시간 15분
분량: 파이 6개

필링

올리브유 2큰술

다진 중간 크기의 양파 1개분(약 1컵)

다진 마늘 2쪽분

껍질을 벗겨 깍둑썰기한 중간 크기의 땅콩 호박 1/2개(약 900g)

말린 타임 1작은술

말린 세이지 1작은술

소금 1큰술

백후추 1/2큰술

잘게 부순 염소 치즈 3큰술

페이스트리

밀가루(중력분) 2컵

소금 1/2작은술

설탕 1작은술

잘게 자른 차가운 무염 버터 1컵

얼음물 1/4~1/2컵

달걀물

달걀(특란) 1개

우유 1큰술

필링 만들기:

1. 오븐을 205°C로 예열한다. 베이킹 시트에 유산지를 깐다.
2. 큰 프라이팬에 올리브유를 두르고 중불에 올린다.
3. 양파를 넣고 부드러워질 때까지 약 5분간 익힌다. 마늘을 넣고 1분간 익힌다.
4. 땅콩 호박, 타임, 세이지, 소금, 후추를 넣는다.
5. 호박이 부드러워질 때까지 약 15~20분간 조리한다. 불을 끄고 식혀서 한쪽에 둔다. 호박은 부드러워야 한다.
6. 식으면 염소 치즈를 넣는다.

페이스트리 만들기:

7. 큰 믹싱볼에 밀가루, 소금, 설탕을 넣고 젓는다.
8. 차가운 버터를 페이스트리 커터로 자르거나 손가락으로 부수어서 넣는데 믹스의 입자가 굵은 부스러기처럼 될 때까지 자르면 된다.
9. 반죽이 공 모양으로 뭉칠 때까지 얼음물을 서서히 넣는다.
10. 반죽을 2등분하여 비닐 랩으로 감싸고 30분간 냉장고에 둔다.
11. 밀가루를 살짝 뿌린 작업대 표면에 각각의 반죽을 0.6cm 두께로 민다. 10cm 크기의 정사각형 모양으로 자른다.

조합하기:

12. 땅콩 호박 믹스 약 2큰술을 네모난 각 페이스트리의 반쪽에 숟가락으로 떠서 올린다.
13. 달걀과 우유를 섞어 달걀물을 준비한다.
14. 달걀물을 페이스트리의 가장자리에 바르고 정사각형의 나머지 절반을 필링 위로 덮는다. 가장자리를 함께 눌러 봉한다.
15. 준비된 베이킹 시트에 핸드 파이를 올리고 남은 달걀물을 붓으로 바른다.
16. 25~30분간 또는 페이스트리가 황금빛 갈색이 될 때까지 굽는다.

코토타의 회복 후무스와 피타칩

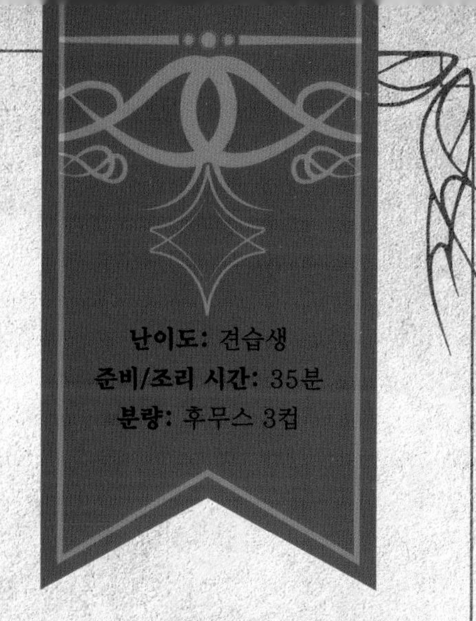

난이도: 견습생
준비/조리 시간: 35분
분량: 후무스 3컵

어느 날 저녁 나는 가열로 여관에서 한 염소 농장주를 만난 적이 있었다. 북쪽에 있는 마을 파로브루 출신인 그는 코토타 초원을 가로지르는 험난한 마차 여행을 하다가 길가에서 거의 죽기 직전인 불쌍한 선교사를 발견했다. 그 길을 직접 여행해 본 경험이 있는 나로서는 현지 가이드의 도움 없이 여행하는 것이 현명하지 않다는 사실을 알고 있었다. 농장주가 가리키던 자신이 수습한 불쌍한 영혼, 그러니까 체온 저하로 인해 신음하며 중얼거리던 그 남자가 우돌이 내어 온 후무스와 피타 브레드를 한 입씩 먹을 때마다 점점 또렷하게 말하는 모습을 보고 나는 깜짝 놀랐다.

후무스

물을 버리고 헹군 병아리콩 통조림 1캔(425g)

레몬즙 1/4컵

다진 마늘 2쪽분

타히니 2큰술

올리브유 1/4컵

커민 가루 1/2작은술

소금 1작은술

후추 적당량

필요시에 사용할 물

피타칩

통밀 피타 브레드 4장

올리브유 2큰술

마늘 가루 1/2작은술

파프리카 가루 1/2작은술

소금 1/2작은술

후무스 만들기:

1. 병아리콩, 레몬즙, 마늘, 타히니, 올리브유, 커민, 소금, 후추를 푸드 프로세서에 넣는다.
2. 매끈하게 될 때까지 갈아 준다. 혼합물이 너무 걸쭉하면 원하는 농도가 될 때까지 물을 서서히 첨가한다.

피타칩 만들기:

3. 오븐을 205°C로 예열한다.
4. 각 피타를 8개의 웨지로 자르고 두 겹으로 된 것을 분리한다.
5. 피타 웨지에 올리브유를 바르고 마늘 가루, 파프리카, 소금을 뿌린다.
6. 피타 웨지를 베이킹 시트에 한 층으로 올린다.
7. 8~10분간 또는 바삭하고 황금빛 갈색이 될 때까지 굽는다.
8. 후무스는 찍어 먹을 수 있게 피타칩과 함께 차려 낸다.

소 부족의 올리브와 콩 샐러드

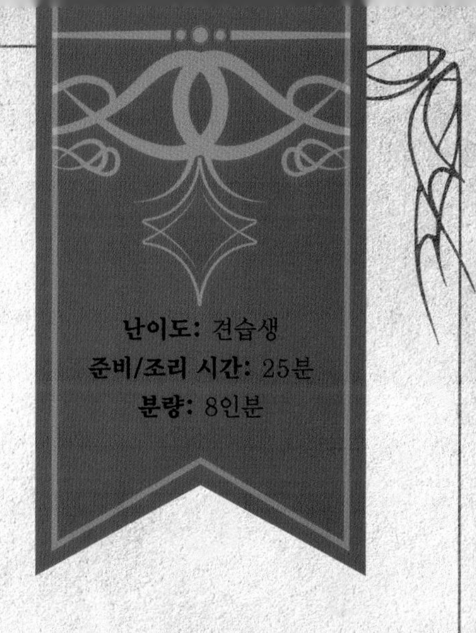

난이도: 견습생
준비/조리 시간: 25분
분량: 8인분

가열로 여관은 많진 않아도 다채로운 고객층을 끌어들이고 있었다. 어느 늦은 오후 저녁 손님들이 몰려들기 전, 나는 바에 앉아 새로 배운 레시피를 세세하게 살펴보고 있었는데 웬 그림자 하나가 내 위로 드리웠다. 고개를 돌려 보니 찌푸린 얼굴을 한 남자가 있었는데 옷차림과 덩치를 보니 야만용사였다. "늘 먹던 걸로." 툴툴거리며 우돌에게 이렇게 말하자 우돌은 올리브와 콩 샐러드를 내어왔다. 야만용사는 놀라운 속도로 샐러드를 퍼먹었는데 거의 절반은 씹지도 않고 삼켜 버렸다. "나도 저 사람이 먹는 걸로 주세요." 나는 우돌에게 말했다. "아, 소 부족 손님들이 가장 좋아하는 음식이죠. 탁월한 선택이네요." 우돌은 미소를 지으며 이렇게 대답한 뒤 주방으로 사라졌다. 어느새 나는 올리브와 콩 샐러드를 맛있게 먹고 있었다. 야만용사가 식사를 마치자 그는 조금 남아 있던 내 음식을 바라보았다. 그의 커다란 도끼에 눈길이 갔고 나는 마지막 한 입까지 핥아 먹고 싶은 유혹을 뿌리치고 접시를 그의 쪽으로 슬그머니 밀어 주었다.

소금 3큰술
그린빈 450g
얼음 4컵
물 4컵
올리브유 2큰술
갓 짠 레몬즙 4작은술
디종 머스터드 2작은술
마늘 가루 1작은술
백후추 1작은술
반으로 자른 씨를 제거한 칼라마타 올리브 1/2컵
큼직하게 다진 작은 적양파 1개분
잘게 부순 페타 치즈 1컵
화이트 발사믹 비니거 3큰술
말린 오레가노 1작은술

1. 중간 크기의 냄비에 물을 부어 끓이고 소금을 넣는다.
2. 그린빈을 약 2.5cm 길이의 한 입 크기로 자른다. 믹싱볼에 얼음과 물을 넣어 얼음물을 만든다.
3. 그린빈을 끓는 물에 넣고 2분간 데친다. 건져낸 후 얼음물에 4분간 담가 그린빈이 '여열에 의해 계속 익지 않도록' 재빨리 식힌다.
4. 큰 믹싱볼에 올리브유, 레몬즙, 머스터드, 마늘 가루, 백후추를 넣고 약 2분간 완전히 혼합되도록 섞는다.
5. 그린빈, 올리브, 양파, 페타, 발사믹 비니거, 오레가노를 넣고 향이 잘 혼합되도록 조심스럽게 섞는다.
6. 뚜껑을 덮고 냉장고에 30분 이상 넣어 재운다. 그런 다음 차려 낸다.

오르베이 수도원 양고기 스튜

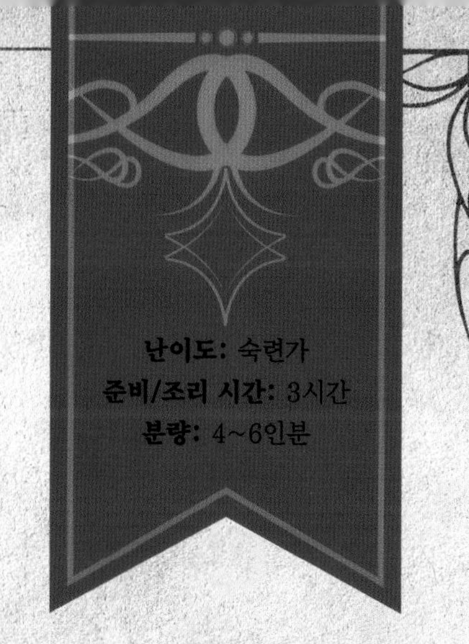

난이도: 숙련가
준비/조리 시간: 3시간
분량: 4~6인분

우돌은 자신의 양고기 스튜 레시피 기원이 수십 년 전, 자카룸 교리가 메마른 평원을 지배하던 시대로 거슬러 올라간다고 내게 말했다. 오늘날에도 자카룸 교회의 추종자들은 한때는 사제들의 연구 센터였지만 지금은 성스러운 터전으로 남아 있는 오르베이 수도원을 찾아 황량한 이 평원을 횡단한다. 이 순례에는 종종 가열로 여관에서 전통 잔치를 즐기기 위해 케드 바르두를 통과하는 일정이 포함된다.

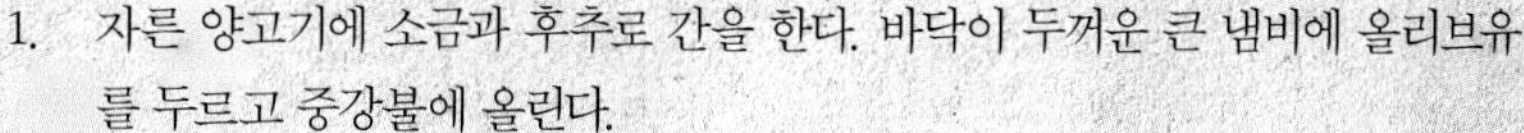

2.5cm 크기로 깍둑썰기한 뼈 없는 양고기 어깨살 680g
소금 적당량
후추 적당량
올리브유 2큰술
깍둑썰기한 큰 양파 1개분(약 1컵)
무염 버터 3큰술
밀가루(중력분) 3큰술
다진 마늘 8쪽분
레드와인 1컵
닭고기 또는 양고기 육수 1컵
로즈메리 2줄기
타임 2줄기
1.3cm 두께로 깍둑썰기한 큰 순무 3개분
껍질을 벗기고 1.3cm 크기로 깍둑썰기한 당근 2개분
껍질을 벗기고 1.3cm 크기로 깍둑썰기한 파스닙 2개분
냉동 완두콩 1컵

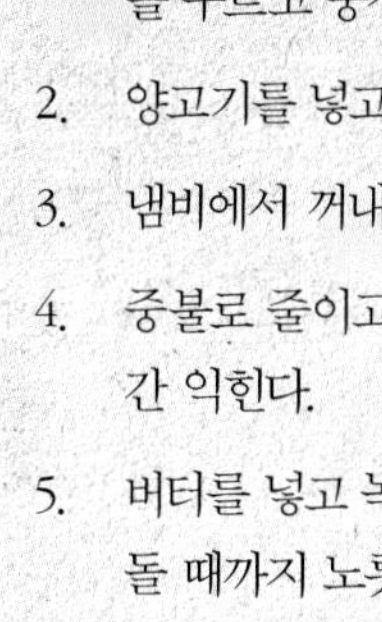

1. 자른 양고기에 소금과 후추로 간을 한다. 바닥이 두꺼운 큰 냄비에 올리브유를 두르고 중강불에 올린다.
2. 양고기를 넣고 모든 면에 갈색이 나도록 노릇하게 한 면당 약 5~7분간 굽는다.
3. 냄비에서 꺼내 한쪽에 둔다.
4. 중불로 줄이고 같은 냄비에 양파를 넣는다. 양파가 부드러워질 때까지 약 5분간 익힌다.
5. 버터를 넣고 녹인 다음 밀가루를 넣고 저어 빠르게 루를 만든다. 살짝 갈색이 돌 때까지 노릇하게 가열한다.
6. 마늘을 넣고 1분간 익힌다. 그런 다음 레드와인으로 냄비 바닥에 들러붙은 것을 긁어내며 디글레이징을 한다. 닭고기 또는 양고기 육수를 넣는다.
7. 로즈메리와 타임을 양고기와 함께 냄비에 넣는다.
8. 냄비 뚜껑을 덮고 양고기가 부드러워질 때까지 약 90분간 약한 불에서 뭉근히 끓인다.
9. 썰어둔 순무, 당근, 파스닙을 넣는다. 불의 세기를 올려 채소를 익히기 시작한다. 20~25분간 가열한다.
10. 냉동 완두콩을 넣고 저어준 후 마지막에 5분간 더 가열하여 완전히 익을 때까지 조리한다.
11. 불에서 내려 차려 낸다.

재담꾼의 역경이 담긴 렌틸 커리

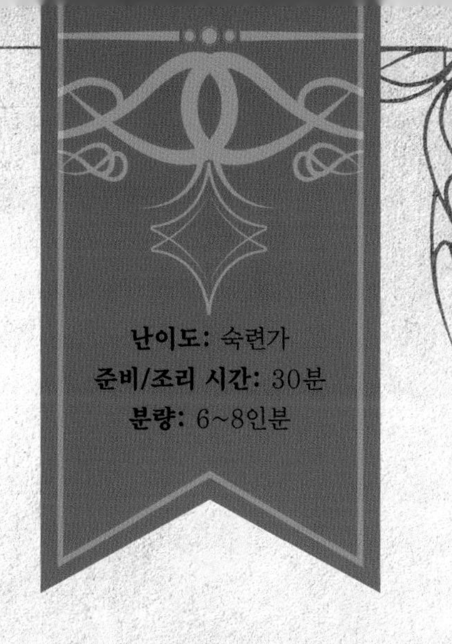

난이도: 숙련가
준비/조리 시간: 30분
분량: 6~8인분

어느 날 밤 우돌에게 배운 레시피를 옮겨 적고 있는데, 바가 거의 비어 있었음에도 불구하고 음침한 한 사내가 내 옆에 앉았다. 그는 내가 일종의 학자라고 생각했는지 내 노트를 훔쳐보더니…… 콰라 이수의 폐허에 대한 이야기를 시작했다. 이 친구의 말에 따르면 이 불쌍한 마을은 한때 식인종을 쫓기 위해 은밀한 거래를 했다고 하는데…… 우돌이 붉은 렌틸콩 커리 한 접시를 내게 건네자 나는 그 음식에 너무 매료되어 그 남자의 이야기가 어떻게 끝났는지조차 모른다.

장립종 쌀 2컵
올리브유 2큰술
큼직한 양파 1개분(약 1컵), 다져서 사용
다진 마늘 3쪽분
강판에 간 생강 1큰술
커민 가루 2작은술
코리앤더 가루 1작은술
강황 가루 1작은술
카옌페퍼 1/2작은술
다진 토마토 통조림 1캔(794g)
채소 육수 8컵
익혀서 헹구고 물기를 뺀 붉은 렌틸콩 1컵
껍질을 벗기고 깍둑썰기한 큼직한 당근 1개(약 1컵)
껍질을 벗기고 작게 깍둑썰기한 큼직한 감자 1개(약 1과 1/2컵)
깍둑썰기한 큼직한 애호박 1개(약 2컵)
물기를 빼고 헹군 병아리콩 통조림 1캔(425g)
소금 적당량
후추 적당량
코코넛 크림 1컵

1. 장립종 쌀 2컵을 포장지에 적힌 대로 조리한다.
2. 큰 냄비에 올리브유를 넣고 중불로 가열한다.
3. 양파, 마늘, 생강을 넣고 부드러워질 때까지 약 5분간 익힌다.
4. 커민, 코리앤더, 강황, 카옌페퍼를 넣고 1분간 저으면서 향신료를 볶는다.
5. 다진 토마토, 채소 육수, 붉은 렌틸콩을 넣고 뭉근히 끓인다.
6. 당근, 감자, 애호박, 병아리콩을 넣고 잘 혼합되도록 젓는다.
7. 소금과 후추로 간을 맞춘다.
8. 당근과 감자는 부드러워지고 렌틸콩은 으스러질 정도가 될 때까지 약 15~25분간 뭉근히 끓인다. 냄비 바닥에 아무것도 들러붙지 않도록 간간이 젓는다.
9. 감자가 익으면 코코넛 크림을 넣고 젓는다.
10. 흰쌀밥 위에 얹어 차려 낸다.

공물이 된 양고기찜

한동안 시보 산 그늘에서 이교도가 활동한다는 소문이 돌았다. 우돌은 한때 자신의 아래에서 일하며 제멋대로 굴던 한 여자 바텐더가 이 종교에 관심을 가졌다고 말했다. 그녀는 우돌에게 이 레시피를 배우겠다고 고집을 부렸고, 우돌은 이것이 그녀가 그 종파에 들어가기 위해 바쳐야 하는 공물의 일부였을 것이라고 짐작했다. 우돌은 마침내 한발 양보하여 조리법을 알려 주었다. 다음 보름달이 뜬 날, 그 여자 바텐더는 가축 몇 마리와 우돌이 가진 최고의 술 몇 병을 들고 사라졌다. 불쌍한 이 여인은 그 이후로 소식이 없었고 우돌은 더 이상 이 요리를 팔지 않으려 들었다. 나는 최대한의 노력을 기울여 여기서 그 레시피를 재현해 보았다.

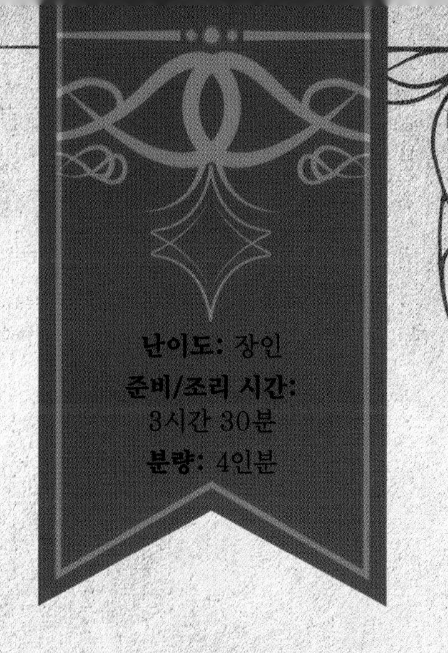

난이도: 장인
준비/조리 시간: 3시간 30분
분량: 4인분

뼈 없는 양고기 어깨살 덩어리 1개(약 1.4kg)
소금 적당량
후추 적당량
올리브유 2큰술
큼직한 양파 1개분(약 1컵), 다져서 사용
다진 마늘 3쪽분
닭고기 또는 양고기 육수 1컵
레드와인 1컵
로즈메리 2줄기
타임 2줄기

1. 양고기 어깨살에 소금과 후추로 간을 한다.
2. 바닥이 두꺼운 큰 냄비에 올리브유를 두르고 중강불에 올린다. 양고기 어깨살을 넣고 모든 면이 갈색으로 노릇하게 될 때까지 한 면당 약 3~6분간 굽는다.
3. 냄비에서 꺼내 한쪽에 둔다.
4. 중불로 줄이고 같은 냄비에 양파를 넣는다. 양파가 부드러워질 때까지 약 5분간 익힌다.
5. 마늘을 넣고 1분간 익힌다.
6. 닭고기 또는 양고기 육수와 레드와인을 부어 냄비 바닥에 붙은 것을 긁어내며 디글레이징을 한다.
7. 로즈메리와 타임을 냄비에 넣고 뭉근히 끓인다.
8. 양고기 어깨살을 다시 냄비에 넣고 그 위에 소스를 숟가락으로 떠서 얹어 준다.
9. 냄비 뚜껑을 덮고 약불에서 양고기 어깨살이 부드러워질 때까지 약 2~3시간 동안 뭉근히 끓인다.
10. 양고기 어깨살을 냄비에서 꺼내 따뜻하게 보관한다.
11. 소스를 체에 걸러 냄비에 다시 넣는다.
12. 소스가 졸아들고 약간 걸쭉해질 때까지 중불에서 약 5~10분간 졸인다.
13. 양고기 어깨살 위에 졸인 소스를 숟가락으로 떠서 올리고 차려 낸다.

평원의 쇼트브레드쿠키

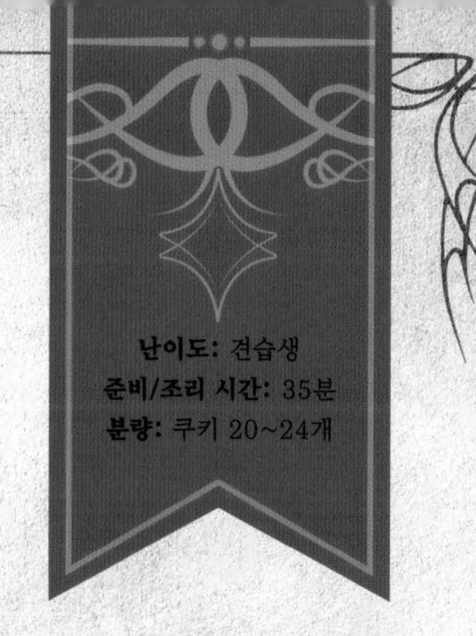

전쟁으로 황폐해져 재배할 수 있는 것이 없는 땅에서도 사람들은 즐거움을 추구한다. 수년 전, 가열로 여관에서는 이스트를 넣지 않은 쇼트브레드를 팔았는데, 어느 날 한 향신료 상인이 식사를 위해 이곳을 들렀을 때까지는 특별할 것이 없었던 쿠키라는 게 모든 이의 의견이었다. 그는 이 쇼트브레드를 맛보고는 잠시 생각에 잠겼다가 가방에서 향신료 주머니를 꺼냈다. 아니스, 카다멈, 정향 등 대부분 메마른 평원에서는 생소한 향신료들이었다. 그는 우돌에게 이 향신료들을 건넸고 이 여관 주인은 바뀐 레시피를 맛본 후 어쩔 수 없이 돈을 지불했다. 그 상인은 이제 한 달에 한 번씩 이곳을 방문하고 있으며, 그의 향신료들은 여관의 쇼트브레드쿠키에 여전히 훌륭한 풍미를 더하고 있다.

실온에 둔 무염 버터 1컵
슈가 파우더 1/2컵
밀가루(중력분) 2컵
소금 1/4작은술
계핏가루 1작은술
생강가루 1/4작은술
카다멈 가루 1/4작은술
정향 가루 1/4작은술
올스파이스 가루 1/4작은술
너트메그 가루 1/4작은술
아니스 가루 1/4작은술

1. 오븐을 177°C로 예열한다.
2. 베이킹 시트에 유산지를 깐다.
3. 큰 믹싱볼에 버터와 설탕을 넣고 가볍고 폭신하게 될 때까지 휘저어 크림화한다.
4. 별도의 믹싱볼에 밀가루, 소금, 계피, 생강, 카다멈, 정향, 올스파이스, 너트메그, 아니스를 넣고 젓는다.
5. 4의 마른 재료 믹스를 3의 버터 믹스에 서서히 넣고 적당히 혼합될 때까지 섞어 준다.
6. 반죽을 2.5cm 지름의 공 모양으로 굴려 준비된 베이킹 시트에 올린다.
7. 유리잔 바닥이나 손바닥으로 살짝 눌러 반죽을 납작하게 만든다.
8. 8~12분간 또는 가장자리가 살짝 황금색이 될 때까지 굽는다.
9. 식힘 망에서 식힌다.

마녀의 비스킷

자르빈제트, 하웨자르

하웨자르에 대해 처음 들었던 그 말을 절대 잊지 못할 것이다. 그때 나는 시장 거리에 있는 어머니의 허브 가게에서 고수를 다발로 묶으며 따분함에 몸을 배배 꼬던 소년이었다. 두 남자가 상품을 둘러보고 있었는데 한 남자가 이렇게 말했다. "독과 질병, 절망이 이 황량한 땅에 곰팡이처럼 퍼져 있습니다." 다른 한 사람은 기분 나쁜 웃음을 터뜨렸다. 이것이 내가 마침내 바위투성이의 고지대와 악취 나는 늪지로 용감하게 여행을 떠나기 전까지 가졌던 하웨자르에 대한 마지막 인상이었다. 이 지역은 정말 위험한 곳이다. 동식물들은 인간의 살을 좋아하는 듯했고, 땅에서는 독한 연무가 뿜어져 나왔다. 또한 이곳은 살인자, 마녀, 뱀 그리고 부정한 물건을 거래하는 교활한 상인들의 안식처가 되기도 한다. 이 모든 것 속에 자리 잡고 있던 벌레들로 가득한 자르빈제트 마을에는 '마녀의 비스킷'이 있다. 시그니처인 매콤한 소시지 그레이비에 찍어 먹는 비스킷 요리의 이름을 딴 이곳은 연기가 자욱하고 습한 공기, 열병에 시달리는 꿈, 인근 늪지의 어두운 마법에서 벗어나 휴식을 취할 수 있는 장소다. 다행히도 이곳의 음식은 그 분위기보다는 더 맛있다. 그러니 이곳의 음식이 어떻게 만들어지는지를 최선을 다해 설명해 보겠다.

추방된 가지 디핑소스

마녀의 비스킷의 주방장은 킬카라는 이름으로 불린다. 어떤 이들은 그녀가 옛 케지스탄 왕국 잔에수의 후예라고 말하지만 막상 직접 대면해서 물어보면 그녀는 말을 아낀다. 하칸 황제가 칼데움을 봉쇄한 후로는 그녀가 고향으로 돌아갈 수 있을 것 같진 않지만 내가 관여할 바는 아니다. 어쨌든 킬카의 음식은 탁월하며, 이 가지 디핑소스는 그녀의 고향이 어디든 상관없이 그녀의 솜씨를 잘 보여 주는 대표적인 음식이다.

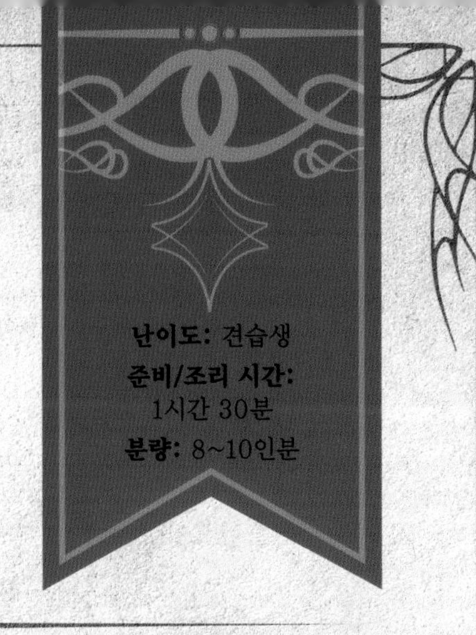

난이도: 견습생
준비/조리 시간: 1시간 30분
분량: 8~10인분

큼직한 가지 2개(약 225g)
엑스트라 버진 올리브유 1큰술
다진 마늘 2쪽분
타히니 1/2작은술
커민 가루 1/2작은술
훈제 파프리카 가루 1/2작은술
소금 1/2작은술
갓 짠 레몬즙 1/4컵
다진 파슬리 1/4컵

1. 오븐을 260°C로 예열한다.
2. 포크나 칼로 가지의 꼭지부터 아래까지 콕콕 찌르고 유산지를 깐 베이킹 트레이 위에 올린다. 가지가 무르고 부드러워질 때까지 오븐에서 45분간 통째로 굽는다.
3. 오븐에서 꺼내 15분간 식힌다. 푸드 프로세서에 올리브유, 마늘, 타히니, 커민, 파프리카 가루, 소금, 레몬즙을 넣는다.
4. 가지를 세로로 자른 후 속을 긁어내어 믹싱볼에 담고 껍질은 버린다. 가지를 푸드 프로세서에 넣고 부드러워질 때까지 갈아 준다. 덩어리가 생기지 않도록 주의한다.
5. 믹싱볼에 옮긴 후 다진 파슬리를 넣고 조심스럽게 젓는다. 간을 확인하고 겉질이 바삭한 빵과 함께 차려 낸다. (*41쪽 참고)

속삭임의 바짝 구운 오크라

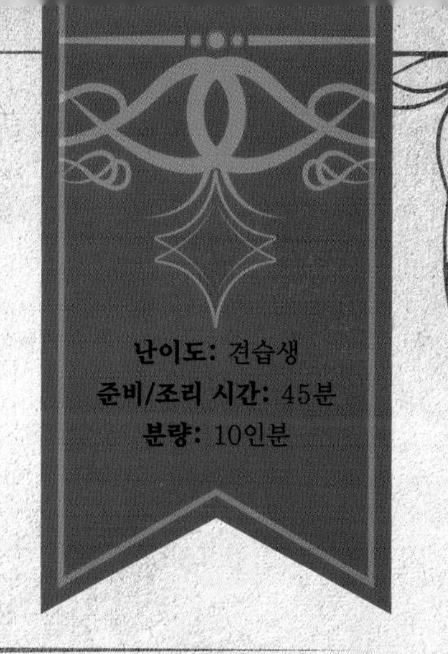

성역의 많은 사람은 오크라를 까맣게 굽는 것을 좋은 채소를 낭비하는 짓으로 여기곤 한다. 나도 한때는 그런 사람 중 하나였다. 마녀의 비스킷 주방 직원 중 하나가 이 땅에서 가장 멀리 떨어진 곳의 많은 요리 비법을 배우기 위해 속삭임의 나무와 뒤틀린 거래를 했다는 소문을 듣기 전까지는 말이다. 나는 속삭임의 나무를 직접 찾아갈 용기를 내지는 못했지만, 맛이라는 명목으로 이 은밀한 협정을 맺은 이들에게 영원히 감사할 따름이다.

향신료 믹스

굵은 소금 2큰술
스위트 파프리카 가루 1큰술
훈제 파프리카 가루 2큰술
마늘 가루 1과 1/2큰술
후춧가루 1큰술
양파 가루 1큰술
말린 오레가노 2작은술
말린 타임 1작은술
카옌페퍼 1작은술

스파이시 마요네즈

레몬즙 2큰술
마요네즈 1컵
다진 케이퍼 1큰술
메이플 시럽 1큰술

오크라

대나무 꼬치 6~8개(물에 담근 것)
오크라 900g
녹인 무염 버터 3큰술
향신료 믹스 3큰술

향신료 믹스 만들기:

1. 소금, 스위트 파프리카 가루, 훈제 파프리카 가루, 마늘 가루, 후추, 양파 가루, 오레가노, 타임, 카옌페퍼를 함께 섞는다. 반은 마요네즈용으로, 나머지 반은 오크라용으로 각각 따로 둔다.

스파이시 마요네즈 만들기:

2. 작은 믹싱볼에 향신료 믹스의 절반을 레몬즙, 마요네즈, 케이퍼, 메이플 시럽과 함께 섞는다. 한쪽에 둔다.

오크라 굽기:

3. 그릴 또는 레인지에 있는 그릴을 230~260°C로 예열한다.
4. 대나무 꼬치를 10분간 물에 담가 둔다.
5. 오크라 줄기와 맨 아래쪽 끝을 잘라 낸다.
6. 각 오크라 중앙 부분에 꼬챙이를 찔러 오크라 6개를 꽂되 각 오크라의 방향을 바꾸어 가며 꽂는다.
7. 오크라에 녹인 버터와 남은 향신료 믹스의 절반을 바르고 그릴에 구울 준비를 한다.
8. 오크라는 한 면당 약 2~3분간 갈색이 될 때까지 굽는다. 타지 않도록 계속 뒤집어 준다.
9. 꼬치에서 오크라를 분리해 향신료 믹스를 한 번 더 뿌린다.
10. 스파이시 마요네즈 디핑 소스와 함께 차려 낸다.

깨어난 성전사 수프

자르빈제트의 사람들 대부분은 두 가지 유형으로 나뉘는 듯하다. 하나는 겨우 생계를 꾸려 나가는 낙후된 지역의 주민들이고, 다른 하나는 무너진 자카룸 성전사들로 구성된 피폐한 부대가 아닌가 싶다. 후자는 이 어려운 시기에 자신의 믿음에 의문을 품고 종종 술에 의지해 답을 찾곤 했다. 칼카는 에일 맥주가 가장 잘 어울릴 듯한, 한때 강력한 전사였던 이들에게 이 블랙빈 수프를 주면서 도움을 제공한다. 비록 잠깐이지만 단 한 그릇만 먹어도 기운을 차리고 마음을 추스르기에 충분하다.

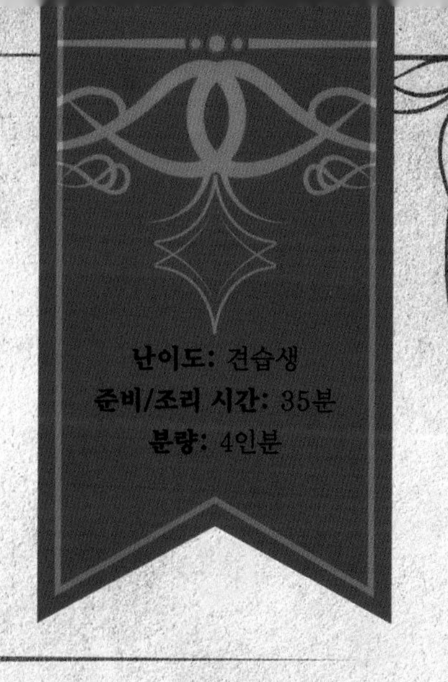

난이도: 견습생
준비/조리 시간: 35분
분량: 4인분

올리브유 1큰술
큼직한 양파 1개분, 다져서 사용
다진 마늘 3쪽분
커민 가루 1큰술
파프리카 가루 1작은술
말린 오레가노 1/2작은술
카옌페퍼 1/4작은술
채소 육수 4컵
물을 버리고 헹군 블랙빈 통조림 2캔(1캔당 425g)
껍질을 벗기고 깍둑썰기한 큼직한 당근 1개분
깍둑썰기한 큰 빨간 파프리카 1개분
토마토소스 1컵
라임즙 1큰술
소금 적당량
후추 적당량
크렘 프레슈 2큰술
얇게 슬라이스한 파 2큰술

1. 큰 냄비에 올리브유를 두르고 중불에 올린다.
2. 양파, 마늘, 커민, 파프리카 가루, 오레가노, 카옌페퍼를 넣고 부드러워질 때까지 약 5분간 익힌다. 그런 다음 육수와 검은콩을 넣는다.
3. 당근, 빨간 파프리카, 토마토소스를 넣고 저으며 뭉근히 끓인다.
4. 불을 약불로 줄이고 채소가 부드러워질 때까지 약 15~20분간 뭉근히 끓인다. 간간이 저어 준다.
5. 불을 끄고 핸드 블렌더 또는 일반 블렌더를 사용하여 수프가 매끈하게 될 때까지 갈아 준다.
6. 일반 블렌더를 사용할 경우에는 수프를 냄비에 다시 넣는다.
7. 라임즙을 넣고 저어준 후 소금과 후추로 간을 맞춘다.
8. 크렘 프레슈와 파를 올려 마무리한다.

마녀의 비스킷과 소시지

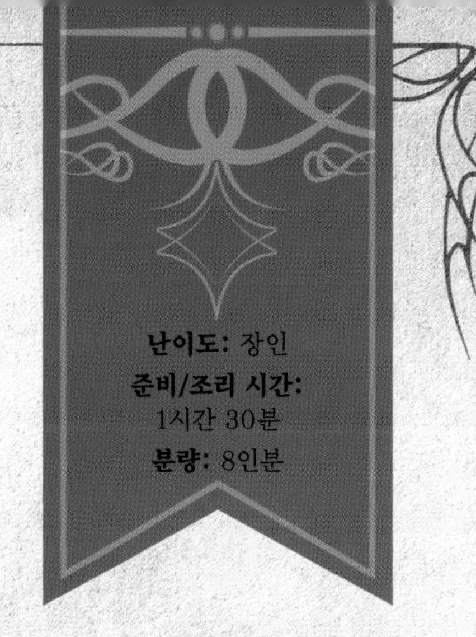

난이도: 장인
준비/조리 시간: 1시간 30분
분량: 8인분

통명스러운 말투에도 불구하고 킬카는 자르빈제트에서 찾을 수 있는 친구에 가장 가까운 존재라고 생각한다. 선술집 안에서 끝장을 본 피비린내 나는 길거리 난투극으로부터 손님들을 보호하느라 정신없이 바빴던 어느 날 밤이었다. 공격자들이 떠난 후 킬카와 나는 가게 문을 닫고 테이블을 닦으며 에일을 마셨고 킬카는 내게 결국에는 자신도 이러한 삶을 받아들였다고 털어놓았다. "난로와 집이 항상 안전한 것은 아니죠." 킬카는 아득한 눈빛으로 말을 이었다. "우리가 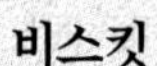어디에 숨어 있든 죽음은 우리 모두에게 찾아올 겁니다. 하지만 나는 내가 할 수 있는 곳에서 쉼터를 제공할 수 있어 다행입니다." 간단한 비스킷과 소시지, 그레이비로 구성된 이 요리는 그녀의 이러한 정신을 잘 표현한다.

비스킷

밀가루(중력분) 1과 1/2컵
베이킹파우더 1과 3/4작은술
소금 1/4~1/2작은술
차가운 무염 버터 8큰술
차가운 우유(전지방) 1/2컵과 필요시 조금 더
녹여서 사용할 무염 버터 2큰술

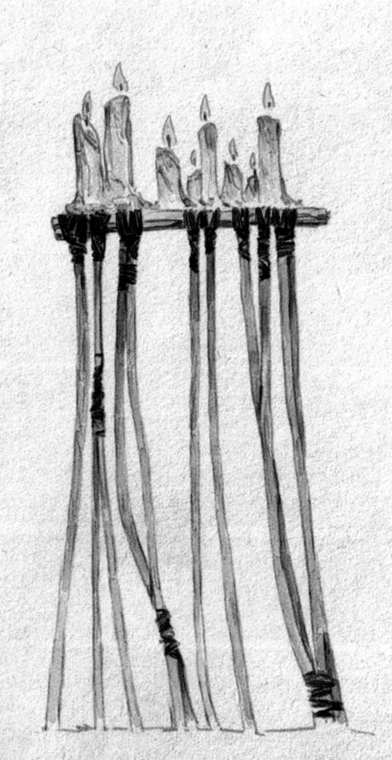

비스킷 만들기:

1. 오븐을 205°C로 예열한다.
2. 베이킹 시트에 유산지 또는 실리콘 매트를 깔거나 오일 스프레이를 뿌린다.
3. 큰 믹싱볼에 밀가루, 베이킹파우더, 소금을 넣는다. 잘 섞일 때까지 젓는다.
4. 냉장고나 냉동실에서 차가운 버터를 꺼내 0.3cm 크기로 깍둑썰기를 한다.
5. 차가운 버터를 밀가루 믹스에 골고루 펼친다. 페이스트리 블렌더나 손가락 끝으로 버터를 자르거나 문질러서 거친 옥수숫가루 정도의 부스러기처럼 만든다.
6. 우유를 믹싱볼에 서서히 붓는다. 큰 나무 숟가락을 사용해 믹스가 하나로 뭉칠 때까지 섞는다. 반죽이 약간 끈적끈적해 보여야 한다. 필요에 따라 밀가루나 우유로 질감을 조절한다.
7. 큰 금속 스푼 2개를 사용하거나 손으로 반죽을 뜯어서 라임 크기 정도인 4큰술 크기로 반죽을 뭉친다. 준비된 베이킹 시트에 각 비스킷을 0.6cm 정도 간격을 두고 떨어뜨려 올린다.
8. 비스킷이 옅은 갈색이 될 때까지 컨벡션 오븐에서는 12분간, 일반 오븐에서 15분간 굽는다.
9. 남은 버터를 녹인다.
10. 오븐에서 비스킷을 꺼내 녹인 버터를 바른 다음 윗면이 황금빛이 될 때까지 3~5분간 다시 오븐에 넣고 굽는다.

다음 페이지에서 계속

매콤한 소시지 그레이비

무염 버터 3큰술

돼지고기 소시지 900g

굵은 소금 2큰술

레드 칠리 플레이크 1큰술

황설탕 1큰술

다진 마늘 1쪽분

물기를 빼고 헹군 병조림 펄어니언 1병(454g)

밀가루(중력분) 1컵

화이트와인(또는 사과 주스) 1/4컵

닭 또는 채소 육수 1컵

로즈메리 1줄기

잘게 다진 세이지 1큰술

월계수 잎 1장

생크림 1컵

샬롯 2개

다진 파슬리 1/3컵

갓 으깬 후추 1/2큰술

강판에 간 파르메산 치즈 1/4컵

소시지 그레이비 만들기:

11. 크고 무거운 프라이팬에 버터를 넣고 중강불에 올려 녹인다.
12. 소시지를 넣고 덩어리가 부서지지 않도록 주의하면서 갈색이 날 때까지 약 6~8분간 볶는다.
13. 소금, 칠리 플레이크, 황설탕으로 간을 맞춘다. 재료들이 완전히 혼합될 때까지 섞은 다음 다진 마늘과 양파를 넣는다.
14. 밀가루를 넣고 흰 가루가 모두 사라질 때까지 섞는다.
15. 화이트와인을 넣고 팬 바닥에 눌어붙은 부스러기를 긁어내면서 디글레이징을 한다. 불을 중약불로 줄이고 와인의 양이 절반이 될 때까지 졸인다.
16. 육수, 로즈메리 줄기, 세이지, 월계수 잎을 넣고 젓는다. 6분 정도가 지나면 걸쭉해지기 시작하는데, 바닥에 눌어붙지 않도록 계속 저어 준다.
17. 생크림을 넣는다. 불을 센 불로 올리고 계속 젓는다. 크림이 끓어오르면 샬롯과 파슬리를 넣는다. 모든 재료가 잘 섞이도록 조심스럽게 젓는다.
18. 갓 으깬 후추와 파르메산 치즈로 마무리하고 비스킷 위에 또는 비스킷 옆에 나란히 놓고 차려 낸다.

가재 듬뿍 습지 덮밥

자르빈제트 주민들이 늪지대에 사는 사람들을 무시하는 경향이 있는 것은 사실이지만, 이 습한 늪을 방문했던 사람들이라면 이곳의 주방들이 지금까지 자신들이 맛본 요리 중 가장 맛있는 요리를 만들어 낸다고 말할 것이다! 이 요리는 달콤하고 살집이 꽉 찬 가재를 셀러리, 양파, 피망과 함께 진한 그레이비에 넣어 만든 음식이다. 양념한 후 소스를 밥 위에 얹으면 습기, 찌르는 벌레, 뱀 등 여행 중 우리를 괴롭히는 불쾌감을 순식간에 날려 버릴 수 있는 음식이다.

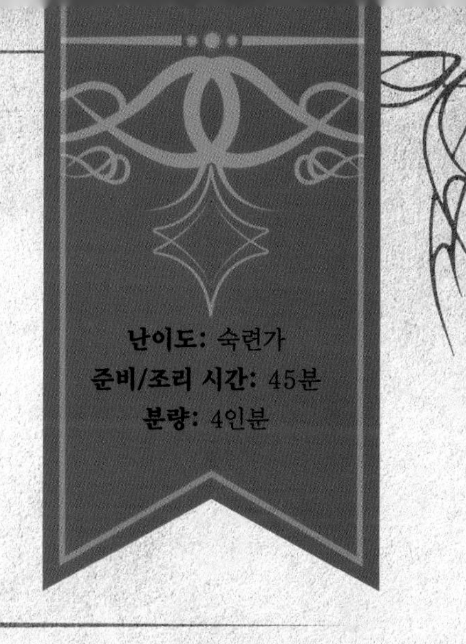

난이도: 숙련가
준비/조리 시간: 45분
분량: 4인분

- 무염 버터 1/2컵
- 다진 중간 크기의 양파 1개분
- 잘게 다진 청피망 1/2개분
- 잘게 다진 홍피망 1/2개분
- 다진 셀러리 줄기 4줄기분
- 다진 마늘 4쪽분
- 카옌페퍼 2작은술
- 파프리카 가루 2큰술
- 밀가루(중력분) 2큰술
- 닭 육수 2컵
- 껍데기를 벗기고 내장을 제거한 후 다진 가재 꼬리 450g
- 생크림 1/2컵
- 흰쌀밥 2컵
- 장식용 다진 파슬리

1. 큰 냄비에 버터를 넣고 중불에 올려 녹인다.
2. 양파, 청피망과 홍피망, 셀러리, 마늘, 카옌페퍼, 파프리카 가루를 넣는다.
3. 5~7분간 또는 야채가 부드럽게 익을 때까지 조리한다.
4. 밀가루를 넣고 저어 주고 4분간 가열한다.
5. 거품기로 저으며 닭 육수를 천천히 넣고 끓인다. 뭉치는 부분이 없도록 잘 젓는다.
6. 불을 약불로 줄이고 10~15분간 또는 믹스가 걸쭉해질 때까지 뭉근히 끓인다. 숟가락 뒷면을 덮을 정도의 농도가 되어야 한다.
7. 가재를 넣고 저어서 버무린다. 그런 다음 생크림을 넣는다.
8. 5분 더 조리하거나 또는 가재가 완전히 익을 때까지 가열한다.
9. 흰쌀밥 위에 이렇게 만든 에투페(에투페étouffée는 루이지애나나 뉴올리언스 등을 중심으로 하는 미국 남부식 해산물 요리를 일컫는다._역자 주)를 올리고 파슬리로 마무리한다.

습격자의 무자다라

킬카는 아마도 해적과 도둑, 밀수꾼들을 위한 쉼터였던 하웨자르의 무법 해안 정착지인 백워터에서 이 레시피를 구해낸 것으로 보인다. 킬카의 설명에 따르면 그녀는 어떤 불운한 무역상의 배에서 약탈한 희귀한 향신료를 가지러 그곳을 여행했다고 한다. 킬카와 흥정을 벌이던 악당들은 배가 암초에 좌초해 가진 것들이 모두 물에 잠겼다며 물건의 상태에 대해 거짓말을 했다. 킬카는 프로답게 그 남자에게 시간을 내준 것에 대해 감사를 표하며 불평 없이 마을을 떠났지만…… 그 남자의 개인 숙소를 슬그머니 털었다. "여행할 때는 현지의 관습에 따라야 합니다." 그녀는 고개를 끄덕거리며 설명했다.

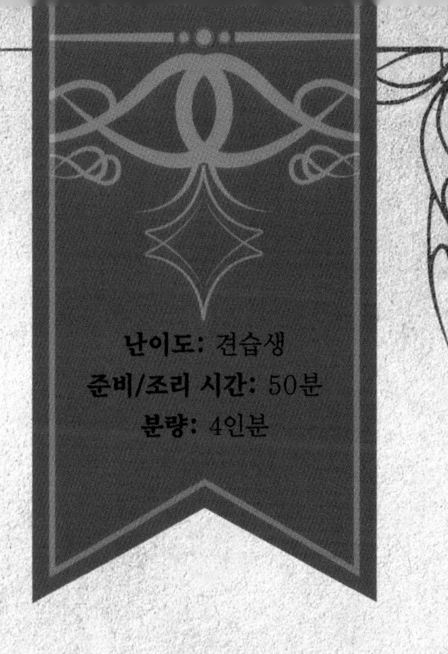

난이도: 견습생
준비/조리 시간: 50분
분량: 4인분

브라운 렌틸콩 1컵
물 7컵, 나누어 사용
장립종 쌀 1컵
올리브유 1/4컵
큼직한 양파 1개분, 다져서 사용
다진 마늘 4쪽분
커민 가루 1/2작은술
코리앤더 가루 1/2작은술
소금 1/2큰술
후추 1/8작은술
중간 크기의 레몬 1/2개
장식용 다진 파슬리

1. 렌틸콩을 헹구고 물기를 뺀다.
2. 중간 크기의 냄비에 렌틸콩과 물 4컵을 넣고 끓인다.
3. 불을 약불로 줄이고 15~20분간 또는 부드럽게 익을 때까지 뭉근히 끓인다.
4. 별도의 큰 냄비에 물 3컵을 넣고 끓인다.
5. 쌀을 넣고 젓는다. 뚜껑을 덮고 18~20분간 또는 밥이 익을 때까지 뭉근히 끓인다. 밥이 설익거나 너무 익지 않았는지 계속 확인한다.
6. 큰 프라이팬을 중불에 올리고 올리브유를 두른다.
7. 양파를 넣고 5~7분간 또는 황금빛 갈색이 될 때까지 조리한다.
8. 마늘, 커민, 코리앤더, 소금, 후추를 넣고 1분간 더 조리한다.
9. 익힌 렌틸콩을 프라이팬에 넣고 저으며 2~3분간 조리한다. 간이 맞는지 확인한다.
10. 큰 접시에 밥의 절반을 펼쳐 담는다. 렌틸콩 믹스를 밥 위에 숟가락으로 떠서 올린 후 남은 밥을 그 위에 올린다.
11. 음식 위에 레몬즙을 짜고 파슬리를 뿌린 다음 차려 낸다.

피스타치오 뱀 쿠키

하웨자르에는 뱀을 닮은 신비한 생물이 서식하고 있어 습지 수풀을 통과하는 가장 단순한 여행조차도 여행자의 패기를 테스트하는 시험대가 된다. 늪에서 무사히 빠져나온 여행자는 마녀의 비스킷에 들러 뜨거운 차 한 잔과 이 갓 구운 쿠기 한 접시를 맛볼 것을 권한다. 소나무 향에 가까운 산뜻한 피스타치오 향이 시름을 잊게 해 줄 것이다……. 적어도 마을 문 바로 밖에서 탈피한 거대한 뱀 가죽을 발견하기 전까지는.

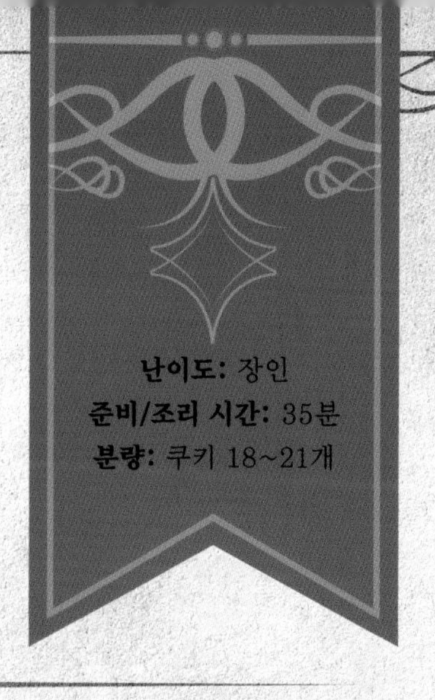

난이도: 장인
준비/조리 시간: 35분
분량: 쿠키 18~21개

체에 친 밀가루(중력분) 1컵
더블 액팅 베이킹파우더 3/4작은술
껍질을 벗기고 고운 가루로 분쇄한 무염 피스타치오 1컵(또는 피스타치오 가루 1/4컵)
소금 1/2작은술
실온에 둔 무염 버터 1/2컵
달걀(특란) 1개
황설탕 1/4컵
설탕 3/4컵
바닐라 엑스트랙 1작은술
껍질을 벗기고 다진 무염 피스타치오 1컵
쿠키 위에 뿌릴 슈거 파우더 1/2컵

1. 오븐을 177°C로 예열한다. 베이킹 시트에 유산지를 깐다.
2. 중간 크기의 믹싱볼에 밀가루, 베이킹파우더, 피스타치오 가루, 소금을 넣고 젓는다. 한쪽에 따로 둔다.
3. 큰 믹싱볼에서 전기 믹서를 사용하여 버터를 가볍고 폭신한 상태가 될 때까지 약 2~3분간 크림화한다.
4. 달걀, 황설탕, 설탕, 바닐라 엑스트랙을 넣고 섞는다.
5. 밀가루 믹스를 버터 믹스에 서서히 넣고 고무 스패출러를 사용해 손으로 섞는다.
6. 다진 피스타치오를 넣고 젓는다.
7. 쿠키 스쿱이나 숟가락을 사용하여 반죽을 약 4cm 지름의 공 모양으로 만든다.
8. 준비된 베이킹 시트에 약 5cm 간격으로 놓는다.
9. 8~12분간 또는 가장자리가 옅은 황금색이 날 때까지 굽는다.
10. 쿠키를 베이킹 시트에서 5분간 식힌 후 식힘 망으로 옮겨 완전히 식힌다.
11. 쿠키가 식으면 슈거 파우더를 뿌린다.

여행자들에게 고하는 작별 인사, 맛있는 식사가 여러분과 함께하기를 . . .

음식은 극도로 암울한 이 시대에 어둠 속의 빛이다.

근래 성역의 어둠은 살아 있는 안개처럼 퍼지고 있다. 도로와 산길이 너무 위험하여 지역 이동이 극히 드물고, 대부분의 사람에게는 너무 위험천만한 일이 되었다. 이 책에 상세히 소개된 요리들을 제공하는 여관과 선술집에 접근하는 것은 날마다 더 어려워지고 위험해진다.

경험이 풍부한 전사나 숙련된 마법사가 아니라면 양심상 이 책에 소개된 식당들로 여러분들을 안내할 수는 없는 일이다. 다만 이 책을 통해 근사한 식당들을 조금이나마 소개할 수 있고…… 그리고 그들의 레시피들을 공유함으로써 여러분의 집에도 비할 데 없이 훌륭한 그들의 주방을 옮겨 놓을 수는 있다.

이 멋진 식당 중 한 곳을 방문하기 위해 성역을 배회하는 괴물, 살인자, 악마, 도둑, 기타 짐승들을 가까스로 뚫고 들어간 용감한 영혼 중 한 사람이라면 그리고 다른 손님들도 예의 바르게 행동하고 있다면, 직원에게 당신이 식탁 방랑자 테드릭이 보낸 사람이라고 말해 보라. 주인장으로부터 특별한 요리를 대접받을 수도 있다.

만약 그렇게 해 주지 않는다면, 음……. 그럼 언젠가 내가 직접 다시 방문해야 할지도 모르겠다. 그때까지 친구들이여. 여러분에게 행복한 식사와 좋은 소식이 있기만을 바란다.

— 식탁 방랑자 테드릭

식이 고려 사항

죽은 송아지 여관	유제품 프리	글루텐 프리	비건	채식주의자
오티러스의 채소 리소토				
구 트리스트럼의 필라프				x
브론의 비프 부르기뇽				
해돋이 여관 코코뱅				
탐스러운 당면 국수				
향이 좋은 양고기 다리 요리와 납작빵	x			
에이라의 자두 허니 케이크				x
아트마의 선술집	**유제품 프리**	**글루텐 프리**	**비건**	**채식주의자**
모래가 휩쓸고 간 세비체	x	x	x	x
해적선 삭슈가와 껍질이 바삭한 빵	x		x	x
타라곤 크림소스를 올린 아라녹 가리비 요리		x		
항구 도시의 감자 크러스트 대구 요리	x			
카즈라 당근	x	x	x	x
쌍둥이 바다 해산물 스튜				
습격자의 오렌지 스파이스 케이크				x
선장의 식탁	**유제품 프리**	**글루텐 프리**	**비건**	**채식주의자**
치즈 핸드 파이				x
칭찬 일색 겹겹 팬케이크				x
보이지 않는 눈을 가진 참치				
선원들을 위한 선장의 생선 스튜	x	x		
강령술사의 생선 그릴 구이		x		
눈속임 허니 당근 스틱	x	x		x
레쇼미의 향긋한 쇼트브레드				x
늑대의 도시 선술집	**유제품 프리**	**글루텐 프리**	**비건**	**채식주의자**
산적의 바삭 베이컨	x	x		
에센의 돼지고기 꼬치구이	x	x		
늑대의 도시 수박 시금치 샐러드		x		x
항만노동자의 게살 샐러드 번				
서부원정지 갈릭 새우				
웨슬의 사슴고기 스튜	x	x		
핏빛 수렁의 초콜릿 타르트				x

불타는 혀	유제품 프리	글루텐 프리	비건	채식주의자
아리앗의 구운 파프리카 달걀	x	x		x
부엉이 부족의 소고기 슬라이스 구이	x			
회색 병동 양파 파이				x
하로가스 흑마늘 버섯롤	x			x
배급식 일시 정지! 채소볶음과 두부	x			
이동 식량으로 완벽한 소시지 패티	x	x		
불경스러운 살구 케이크				x
교수형 집행인 선술집	**유제품 프리**	**글루텐 프리**	**비건**	**채식주의자**
오쏘의 육포와 방울양배추		x		
이스크렌의 육포 디핑소스		x		
십일조 징수 수도사에게 바치는 소시지와 사과 핸드 파이				
순례자의 버섯 당근 수프				x
참회의 기사단 돼지고기구이				
바르그의 끈적끈적한 닭 날개 공물	x			
눈 녹은 리코타 팬케이크				x
검은 갈매기 선술집	**유제품 프리**	**글루텐 프리**	**비건**	**채식주의자**
곰인간 연어케이크와 투르 둘라 빵				
얼어붙은 바다 홍합찜		x		
타비쉬의 케저리		x		
선조의 사슴고기 미트볼				
투르 둘라의 솔트 앤 페퍼 치킨과 불막이 채소찜				
고산지 토끼 프리카세				
배후지의 서양배 조림	x	x	x	x
가열로 여관	**유제품 프리**	**글루텐 프리**	**비건**	**채식주의자**
우돌의 '핸드' 파이				x
코토타의 회복 후무스와 피타칩	x		x	x
소 부족의 올리브와 콩 샐러드		x		x
오르베이 수도원 양고기 스튜				
재담꾼의 역경이 담긴 렌틸 커리	x	x	x	x
공물이 된 양고기찜	x	x		
평원의 쇼트브레드쿠키				x

식이 고려 사항(계속)

마녀의 비스킷	유제품 프리	글루텐 프리	비건	채식주의자
추방된 가지 디핑소스	x	x	x	x
속삭임의 바짝 구운 오크라		x		x
깨어난 성전사 수프	x	x	x	x
마녀의 비스킷과 소시지				
가재 듬뿍 습지 덮밥				
습격자의 무자다라	x	x	x	x
피스타치오 뱀 쿠키				x

단위 변환표

질량

미국식 단위	미터법 단위
1/5작은술(tsp)	1mL
1작은술(tsp)	5mL
1큰술(tbsp)	15mL
1액량 온스(fl. oz.)	30mL
1/5컵	50mL
1/4컵	60mL
1/3컵	80 mL
3.4액량 온스	100mL
1/2컵	120mL
2/3컵	160mL
3/4컵	180mL
1컵	240mL
1파인트(2컵)	480mL
1쿼트(4컵)	0.95L

무게

미국식 단위	미터법 단위
0.5온스(oz.)	14그램(g)
1온스(oz.)	28그램(g)
1/4파운드(lbs.)	113그램(g)
1/3파운드(lbs.)	151그램(g)
1/2파운드(lbs.)	227그램(g)
1파운드(lbs.)	454그램(g)

온도

화씨	섭씨
200°	93°
212°	100°
250°	120°
275°	135°
300°	150°
325°	165°
350°	177°
400°	205°
425°	220°
450°	233°
475°	245°
500°	260°

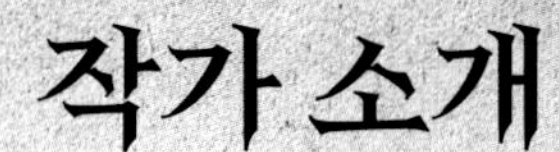

작가 소개

앤디 루니크

게임을 하면 인생이 더 재미있고, 음식은 여럿이 함께 먹으면 더 맛있다는 말이 있다. 앤디 루니크 셰프의 캐릭터를 설명해야 한다면 바로 이러한 특성이 기반을 이루고 있을 것이다. 식음료 세계에서 오랜 경력을 쌓은 앤디 루니크 셰프는 현재 게임 업계에서 일하며 언제 어디서든 음식과 게임 사이의 간극을 메울 수 있는 방법을 찾아내고 있다.

릭 바바

릭 바바는 비디오 게임 업계에서 가장 많은 책을 출간한 작가 중 한 사람으로, 《디아블로 III: 공식 한정판 전략 가이드Diablo III: The Official Limited Edition Strategy Guide》와 소설인 《엑스컴 2: 에스컬레이션XCOM 2: Escalation》을 포함하여 130여 권의 게임과 관련한 도서들을 출간한 바 있다. 아이오와 작가 워크숍Iowa Writers' Workshop을 졸업한 릭은 산타클라라 대학교Santa Clara University와 네브래스카 대학교 오마하University of Nebraska Omaha에서 문예 창작 교수로 재직했으며, 〈시카고 리뷰Chicago Review〉, 〈블랙 워리어 리뷰Black Warrior Review〉, 〈AQR〉, 고든 리시Gordon Lish의 〈더 쿼터리The Quarterly〉 등 수많은 문학 저널에 소설을 발표했다. 그는 자신이 쓴 두 편의 스타플릿 아카데미Starfleet Academy 소설 《델타 아노말리The Delta Anomaly》와 《제미니 요원The Gemini Agent》의 내용이 공식 스타트렉 시리즈의 일부가 된 것을 매우 기쁘게 생각한다. 릭은 콜로라도주 볼더 근교에 살고 있다.

역자 프로필

최경남

이화여자대학교 교육학과를 졸업하고 고려대학교 국제대학원에서 국제 통상 협력학과 국제통상을 전공했다. 제일기획에서 수년간 광고 기획과 스포츠 마케팅 업무를 담당했으며, 이후 영국에서 가장 오래된 요리 학교인 땅뜨 마리 요리학교(Tante Marie CulinaryAcademy)를 졸업했다. 현재 오버진 쿠킹스튜디오를 운영하며 쿠킹클래스를 진행하는 한편 엔터스코리아에서 출판 기획 및 요리 분야 전문 번역가로 활동하고 있다.

주요 역서로는 《월드 오브 워크래프트 공식 요리책 2: 아제로스의 새로운 맛》, 《비건미트: 채소로 만드는 햄버거·스테이크·치킨·베이컨·씨푸드 비건 요리법》, 《창의력 뿜뿜! 어린이 셰프 요리책 : 자존감을 높여주는 자기표현 요리 수업》, 《광고 불변의 법칙》, 《세계를 뒤흔들 대격변이 시작되었다!》 외 다수가 있다.

www.insighteditions.com

디아블로 공식 요리책 – 성역 여관들의 레시피와 이야기

1판 1쇄 발행 2024년 5월 31일
지은이 앤디 루니크, 릭 바바
옮긴이 최경남
감수자 황의형
펴낸이 하진석
펴낸곳 ART NOUVEAU
주소 서울시 마포구 독막로3길 51
전화 02-518-3919
팩스 0505-318-3919
이메일 book@charmdol.com
신고번호 제313-2011-157호
신고일자 2011년 5월 30일
ISBN 979-11-91212-36-5 13590

BLIZZARD ENTERTAINMENT

Director, Consumer Products, Publishing: Byron Parnell
Associate Publishing Manager: Derek Rosenberg
Director, Manufacturing: Anna Wan
Direct Manufacturing Project Manager: Chanee' Goude
Senior Director, Story and Franchise Development: Venecia Duran
Senior Producer, Books: Brianne Messina
Associate Producer, Books: Amber Thibodeau
Senior Manager, Editorial: Chloe Fraboni
Senior Editor: Eric Geron
Senior Brand Artist, Books: Corey Peterschmidt
Senior Manager, Lore: Sean Copeland
Senior Producer, Lore: Jamie Ortiz
Associate Producer, Lore: Ed Fox
Associate Historian: Madi Buckingham, Courtney Chavez, Damien Jahrsdoerfer, Ian Landa-Beavers
Creative Consultation: Alanna Carroll, Mac Smith
Lore Consultation by: Madi Buckingham, Ian Landa-Beavers